# アメリカから見た3・11

日米両政府中枢の証言から

増田剛
NHK記者

論創社

# はじめに

二〇一一年三月一一日午後二時四十六分、マグニチュード9．0の巨大地震が東日本を襲った。東日本大震災の始まりである。

東日本各地での大きな揺れや、地震に伴う大津波や火災などにより、東北地方を中心に十二の都道府県で二万二千二百十五人の死者・行方不明者が出た（震災関連死を含む・二〇二三年三月一〇日時点）。まさに未曽有の大災害だった。

すでに当時は、カメラ付携帯電話やスマートフォンが広く普及していたこともあって、被害の状況は、数々の動画や写真により克明に記録され、メディアを通じて世界中に配信された。沿岸部に津波が襲来し街を破壊し尽くす様子や、東京電力福島第一原子力発電所における「メルトダウン」の発生は、文字通り全世界を震撼させた。

東日本大震災――。その衝撃は、私たちにとってあまりにも大きく、その記憶は、私たちの脳裏に深く刻まれた。当時、日本にいた人であれば、おそらく誰でも、地震が発生したその時、自分が何をしていたかを、鮮明に記憶しているのではないだろうか。

もちろん、筆者もそうだ。

私は地震発生時、ＮＨＫ報道局政治部の記者だった。総理大臣官邸記者クラブのサブキャップというポジションにあって、当時の民主党・菅直人総理大臣の政権運営を間近に取材する立場だった。

あの日のあの時、私は、東京・永田町の国会議事堂にいた。

その日、国会では、朝から参議院決算委員会が開かれ、朝日新聞の朝刊一面トップに掲載された「外国人献金問題」で、菅総理大臣が野党・自民党の厳しい追及を受けていた。この五日前には、同じ問題で前原誠司外務大臣が辞任しており、菅総理大臣はまさに絶体絶命のピンチにあった。

私は午前中、官邸記者クラブで決算委員会のテレビ中継を見ながら、ニュース原稿を取りまとめていたが、午後からは、国会に入り、参議院の第一委員会室で直接、委員会審議を見ることにした。

「厳しい追及に耐えられず、総理が辞任を表明するかもしれない」。

そんな思いもあった。正直に言うと、私は、自らが取材してきた政権の「最期の瞬間」をこの目で見届けたかったのである。

そんななか、午後二時四十五分頃だったろうか。私はいったん、委員会室の取材席を立った。なぜかは覚えていない。重苦しい雰囲気の部屋を離れ、外の空気を吸いたくなったのだろう。

国会の廊下の赤じゅうたんを歩いていると、廊下に面したある控室のドアが開け放しになっていて、そこからテレビを通じて、あの緊急地震速報の不快な音声が響き渡った。

「チャ、ラーン。チャ、ラーン」。

慌ててテレビの臨時ニュースを見ようと、控室のドアに近づくと、突然、長く大きな横揺れに見舞われた。思わず赤じゅうたんの上にしゃがみこみ、そして、前方を見あげた。そのとき、吹き抜けになったホールの天井から吊り下げられたシャンデリアが、ブランコみたいにグラングラン、揺れていたのが、今も私の脳裏に深く焼き付けられている。あの光景は、一生忘れないだろう。

その後の日々は、それこそあっという間に過ぎていった。

最大震度七を観測した巨大地震に伴い、東北地方の太平洋沿岸には高さ十メートルを超える大津波が押し寄せ、多くの人々の命を容赦なく呑み込んでいった。

沿岸部にあった福島第一原子力発電所は、津波を浴びて、非常用電源を含めた全ての電源を喪失。核燃料の冷却機能を失った原子炉では、炉心溶融（メルトダウン）が起き、さらに原子炉建屋が水素爆発で損壊した結果、大量の放射性物質が飛散した。

この間、日本政府は、総理大臣官邸を中心に、時に同盟国アメリカの協力や支援も得ながら、また、メディアや野党から多くの批判を浴びながら、事故の収拾に向け奔走した。

一方、私は官邸詰めの記者として、連日、菅総理大臣の動向や枝野幸男官房長官の記者会見を取材し、総理大臣の側近や政権幹部と非公式に連絡を取り合いながら、震災と原発事故をめぐるニュースを発信し続けた。

そして、その年の八月、参議院で野党が多数を占める「ねじれ国会」のもとで、退陣要求を突き付けられていた菅総理大臣は、ついに辞任を表明する。後継は、財務大臣だった野田佳彦である。九月に野田内閣が発足すると、私は官邸クラブのサブキャップから外務省クラブのキャップに異動した。そして、翌年六月には、民主党政権の終焉を前に、政治部を離れ、名古屋放送局のニュースデスクに異動した。

あれから十年余りの歳月が過ぎた。私は東京に戻り、政治・外交安全保障を担当する解説委員を務めた後、現在は国際放送局の記者として、海外向けの英語放送NHK WORLD JAPANを舞台に、テレビ報道の仕事を続けている。

そんななかで、二〇二三年初頭、東日本大震災から十二年の節目を迎えるにあたって、私はこう思ったのだ。十二年前に私が体験した衝撃や、原子力という未知なるものへの畏れ、不安の記憶が、まだ自らの心に残っているうちに、同時代史として当事者の証言を映像と活字に残しておきたいと。それが、あの時、時の政権の中枢を取材していた私のジャーナリストとしての使命ではないかと。ちょっと肩に力が入りすぎていたかもしれないが、本気でそう思ったのだ。

もちろん、福島第一原発事故をめぐっては、これまでにNHKをはじめ多くのメディアが幾多の検証番組を制作しており、政府や国会、専門家による報告書や、当事者による回顧録も数多く世に出されている。同じような視点の番組を作っても仕方がないし、そもそもそれでは、番組の提案も通らないだろう。そこで私が考えたのが、日本の唯一の同盟国であるアメリカの視点から、原発事故対応の深層を描こうということだった。

まさに本書のタイトルともなった「アメリカから見た3・11」である。

震災と原発事故の発生は、当時、日本に住む外国人に大きな動揺をもたらした。放射能の拡散を懸念した人々による出国ラッシュが起き、各国が在京の大使館や領事館を一時閉鎖したり、関西に移転したりする動きが相次いだ。そうした混乱の中で、同盟国アメリカは踏みとどまり、むしろ日本への積極的な支援に乗り出したのだ。

その一方で、緊張と混乱が極まっていた原発事故対応の初動段階では、日米両政府間で様々なミスコミュニケーションが生じ、誤解やお互いへの不信が高まっていたのも事実である。

その舞台裏を、当時、日米両政府で政策決定の中枢にいた人物、ど真ん中で事故対応にあたっていた人物の証言で描きたい。そのことは、人類史に深い傷跡を残したあの原発事故の再発を防ぐ上で、貴重な教訓をくみ取る機会になり得るかもしれない。

幸い、私は現在、国際放送局の記者である。また、東日本大震災と福島第一原発事故が発生する前年の二〇一〇年まで、ワシントン支局に勤務していた経験があり、日米の外交当局に多少の取材人脈を持っている。

こうした経緯をふまえ、私は二〇二三年二月から三月にかけて、震災発生時の駐米大使だった藤崎一郎氏、官房副長官だった福山哲郎氏に、それぞれ数時間に及ぶロングインタビューを行い、あわせて、ワシントン支局に依頼して、当時、駐日米国大使だったジョン・ルース氏、米国原子力規制委員会（ＮＲＣ）委員長だったグレゴリー・ヤツコ氏にインタビューを行った。そして、この4人の証言をベースにして、原発事故対応の初動における日米同盟の舞台裏を描いたニュース企画を制作。東日本大震災から十二年の節目である三月一一日の前夜、ＮＨＫの国際放送NHK WORLD JAPANのプライムニュース番組であるNEWSROOM TOKYOの特集として英語版を放送した。

さらに、この特集企画をもとに、より長尺のテレビ番組を制作するべく、四月には、震災発生時、国務省で対日政策を担当していたケビン・メア氏に、そして、福島原発事故独立検証委員会、いわゆる「民間事故調」の委員を務めた国際政治学者の秋山信将・一橋大学教授にインタビューを行った。そして、この追加取材をふまえて、六月三日には、英語版の三十分番組「ALLIANCE UNDER PRESSURE：Behind the Fukushima Disaster」が世界の約百六十の国と地域に配信された。この番組はただちに日本語化されることが決まり、七月一六日には、日本語版である「3・11原発事故　そのとき日米は」が、ＮＨＫＢＳ１で放送された。

本書は、これらの番組を文章化し、さらに、当時の菅総理大臣や寺田学総理大臣補佐官らの証言も加えるなど、大幅に加筆したものである。番組の内容を基本としながらも、番組には収まり切れず、実際の放送では割愛せざるを得なかった、貴重なインタビューを復活させたほか、番組では紹介しきれなかったエピソードも数多く盛り込んでいる。結果として、本書は、一連の番組よりもはるかに密度の濃い内容になっていると、個人的には考えている。

また、本書で紹介するインタビューのうち、特に番組で使用したものについては、当事者の話した内容をできるだけ忠実に書き起こすことにし、口語的な表現、文法的にくだけた表現も、あえてそのままにした。多少読みにくいかもしれないが、一次資料だけが持つ独特の雰囲気を味わっていただきたい。

本書に登場する方々の肩書や年齢は、原則的に二〇一一年三月の東日本大震災発生当時のものを使用している。また、本文では、敬称を略した。

二〇二三年七月

NHK記者　増田　剛

# アメリカから見た3・11　～日米両政府中枢の証言から～

目次

## 終章　THE DAYS AFTER

# アメリカから見た3・11　～日米両政府中枢の証言から～

# 第一章——ＤＡＹ１＆ＤＡＹ２　複合危機の発生と進行

## 福島第一原発、電源機能停止！

二〇一一年三月一一日午後二時四十六分、日本の政治権力の中枢である東京・永田町が文字通り、激震に見舞われた。

福山哲郎は、その時、総理大臣官邸五階の官房副長官室で執務中だった。

福山は当時、四十九歳。松下政経塾を経て、一九九八年に参議院議員選挙京都選挙区で初当選し、二〇〇九年九月の民主党・鳩山由紀夫政権の発足で外務副大臣に就任。翌二〇一〇年六月に菅直人内閣が発足してからは、官房副長官を務めていた。

思った以上に揺れが激しく、「まずい」と思って、すぐに部屋を飛び出し、官邸の地下にある危機管理センターに向かうことにした。ただ、こともあろうに、地下に行くエレベーターが緊急停止していて、階段で歩いて降りるしかなかった。こんなに段数があるのかと思うくらい、長い階段だったという。

危機管理センターに到着すると、百人以上と思われる職員がすでに情報収集を始めていて、ごった返している状況だった。国会では、参議院決算委員会が開かれていたが、それ

福山哲郎官房副長官（2011 年 3 月 11 日）

も休憩となり、出席していた菅総理大臣もセンターに飛び込んできた。

十面ある巨大なモニターには、緊急ニュースを伝えるＮＨＫなどのテレビ画面や防衛省からの映像などが映し出されていた。地震の状況を知らせる気象庁、鉄道の運行停止を伝える国土交通省、火災の発生を伝える消防庁などから、ひっきりなしに電話が鳴っていたという。

やがて午後三時過ぎには、巨大な地震に伴う大津波が、岩手県、宮城県、福島県を中心とした太平洋沿岸部を次々と襲う。福島県浜通りの大熊町にある東京電力福島第一原子力発電所も巨大津波にさらされ、非常用電源を含めた全ての電源を失った。

こうした状況の中、午後三時四十分頃、危機管理センター内に「福島第一原発、全交流電源喪失」と、アナウンスが流れた。東京電力から通報を受けた経済産業省原子力安全・保安院（当時）の担当者によるものだった。

福山はこの時の状況をNHKのインタビューでこう語っている。

「もう本当に騒然とした危機管理センターの中で、『福島第一原発、電源機能停止』というマイクでの報告が流れた時に、その危機管理センターの緊張の度合いが、やはり一段階ぐらい上がった記憶が、もう明確にあるんですね」。

「私は文系の人間だったので、正直に言うと、そのことで直接どういう状況になるかというのは、その『電源の喪失』という報告が来た直後は、なかなかわからなかったんですね。簡単に言えば、電源さえ戻れば、正常にいけるのではないのかと。原発は当時、安全神話で、何かがあったら、『止める』『冷やす』『閉じ込める』。この3つで安全だと言われていたわけです。そして、止めるのは止まっていたわけです。ただ、その冷やす電源機能が喪失しているので、この電源機能さえ復活すれば冷やせる、そして、閉じ込められると思っていたので、まだ実は、どの程度のシビアアクシデントになるかは、どれほどリアリティを持って、みんなが捉えていたかはわかりませんでした。しかし、何とか電源機能を創出して冷却機能を復活させることが、とにかく官邸にとっては、やらなければいけないことの第一だ、という思いでした」。

午後四時三十六分、原発事故の官邸対策室が設置された。官房長官の枝野幸男が震災全体に対応し、官房副長官の福山が原発事故を担当することになった。

午後四時五十五分には、菅総理大臣が震災発生後、初めての記者会見を開く。経済産業省出身の秘書官が用意した原稿に沿って、「一部の原子力発電所が自動停止したが、これまでのところ、外部への放射性物質の影響は確認されていない」と説明した。会見は二分二十秒で終わった。

しかし、この直後、状況は一変する。

会見が終わって、菅が官邸五階の総理大臣執務室に戻ると、海江田万里経済産業大臣が血相を変えて飛び込んできたのだ。原子力災害対策特別措置法に基づく原子力緊急事態宣言を発令するよう、菅に上申するためだった。総理大臣執務室に連なる秘書官室にいた、寺田学総理大臣補佐官もこの場に同席した。

寺田は当時、三十四歳。元秋田県知事の寺田典城の次男で、中央大学を卒業後、三菱商

寺田学総理補佐官（当時）

事を経て、二〇〇三年の衆議院選挙秋田一区で初当選し、菅内閣では、三十三歳の若さで総理大臣補佐官に抜擢された。菅の側近として知られ、気性が激しく怒りやすいため「イラ菅」と呼ばれた総理の「緩衝役」と呼ばれていた。

この時のことを、寺田は次のように証言する。

「海江田経産大臣からは『福島第一原子力発電所が電源を喪失したため、正常に冷却できていない』旨の報告がありました。ただ、私は『さっきの会見で、正常に停止と言ったばかりなのに、冷却とは何だろう』と、ことの深刻さを今ひとつ理解していませんでした。しかし、総理の異常な反応を見て、ことの重大さに即座に気づきました。総理は、何度も執拗に大臣や事務方に質問をしていました。語調は抑えめでしたが」。

菅「バッテリーがダメになっても、他のバッテリーがあるだろ」。

事務方「予備もダメです。全部、津波で水没しました」。

菅「何で水没するんだ？　乾かしても使えないのか」。

事務方「一度、海水に浸かっているので、塩分でダメになっています」。

菅「なんでそんなもの（バッテリー）が地下に置いてあるんだ。大変なことだぞ、これは大変なことなんだぞ」。


「半面、いきなり起きた原発事故にも関わらず、総理は予備知識を持ち合わせていて、ある程度、要点を突いた質問をしていました。ただ、経産省側から返ってくる答えが要領を得ないため、問答がかみ合わず、やり取りに齟齬をきたしたんです。これを機に、総理は一気に『原発モード』に入っていきました」。

「これ以降の数日間、様々な事務方が説明者として現れましたが、原子力発電所の構造に詳しい人、そして俯瞰的に説明する人は現れませんでした。それもあって、総理は一層、何が起きているかを知ろうと強く追及したんです」。

海江田が原子力緊急事態宣言の即時発令を求めたのに対し、菅は宣言の意味や必要性をきちんと把握した上で、宣言を発令したいと考えていた。

「なぜ宣言しなくてはならないのか、宣言を出すとどうなるのか。総理はこの点を理解しようとしていました。結果的に、海江田経産大臣からの上申後ただちに、というタイミングでは出しませんでした。この姿勢の善し悪し、その影響は、専門家の判断に任せます」。

そのうち、午後六時が過ぎて、与野党の党首会談が開始される予定時間となった。政府が協力を要請する党首たちを待たせるわけにはいかない。ましてや今は、参議院で野党が多数を占める「ねじれ国会」なのだ。結局、宣言は党首会談後に発令しようということになった。ただ皮肉にも、こうした経過は後に「宣言の発令が遅れた」という野党からの批判を招く。

これについて、やはりこの場に同席していた福山は、次のように振り返った。

「原子力災害対策特別措置法第十五条に基づく原子力緊急事態宣言の発令は、史上初めてのことで、重すぎる判断でした。事務方からの中途半端な報告で出すわけにいかず、私たちは、事態を正確に把握した上で発令したいと考えました」。

結局、原子力緊急事態宣言が実際に発令されたのは、午後七時三分だった。

## メルトダウンが起きる

巨大津波により、福島第一原子力発電所が電源を喪失した三月一一日の夜、総理大臣官邸が最優先で取り組んでいたのが、電源車の確保だった。「電源が切れて冷却機能は喪失していますが、電源さえ戻れば原発は落ち着くはずです」。事務方からこう説明を受け、史上初の原子力緊急事態宣言を発令した、菅政権の中枢にいた若手政治家たち、福山官房副長官や寺田総理大臣補佐官は、その晩、電源車の手配に必死になった。

福山は筆者のインタビューに対し、次のように述べている。

「緊急事態宣言を出した前後というのは、もうとにかく、電源機能を回復するために、電源車をいかにして福島に送るかと。それもいかにして短時間に送るかと。そのことに最優先に取り組んでいました。空路が一番早いだろうということで、電源車を運べる大きな輸送機はないのかと、ヘリはないのかというようなことを、自衛隊にはないとなれば、駐留米軍にそういったものはないのかというのを、防衛省を通じて依頼をして探していたというのが、電源車に関しての対応です」。

寺田も次のように証言する。

「とにかく、福島第一原発に一台でも多く、一刻でも早く、電源車を届ける必要がありました。手配は東京電力、サポートは保安院という形になっていたと思います。官邸としては、その流れをチェックし、省庁横断的なサポートが必要な場合は、指示を出しました。全国の発電所のどこに、何台、電源車があり、福島第一まで何時間かかるのか、把握しようとしていました。陸上を走って向かう場合は、警察に連絡して高速道路の通行を許可するとともに先導をさせなくてはならないし、自衛隊のヘリで空輸できないかも検討させました。結局、電源車は大き過ぎ、重過ぎで、ヘリでは運べませんでした」。

「おそらく午後九時過ぎ、秘書官らとともに電源車の進捗チェックを続け、逐一あがってくる情報を整理し、地下の危機管理センター小部屋にいる総理に連絡しました。総理執務室にはホワイトボード。テーブルに地下の小部屋直通の黒電話を設置し、その前に座りました。秘書官が日本列島の地図を書き、各発電所の持っている電源車の数を記載していきました。『○○発電所電源車○○台、○○時に発電所出発、○○インターチェンジ通過』といった具合に」。

「何時だったかは忘れましたが、電源車到着の一報が届きました。執務室と秘書官室を結ぶ扉を開けっ放しで作業をしていたので、到着の一報には、秘書官室にいる事務方も含め喜んでいました。『なんとかなった……』と」。

「ただ、実際、電源車は届いたものの、ケーブルが足りないとか種々の事情で全く役に立たなかったようです。『電源車が功を奏している』との連絡はなく、実際、ことは深刻さを増していきました」。

話は若干さかのぼるが、原子力緊急事態宣言の発令をめぐり、総理大臣執務室で関係者の協議が行われようという頃、福山は「これは、とんでもないことになるかもしれない」と直感していた。そして、可能な限り記録を残す必要性を感じ、大学ノートに走り書きを始めた。後に「福山ノート」と呼ばれることになるメモである。

これについて、福山は筆者のインタビューでこう説明した。

福山「私が『これはもしかすると、日本にとって、とても大きな災害になるかもしれない』と危機管理センターで気がついて、そういう思いにとらわれて、『ノートを取ろう、メモしよう』と思ったのが、おそらく三月一一日の夕方の四時から五時くらいではないかなと思います」。

筆者「それが、そちらにあるノートですね」。

福山「そうですね。きれいにメモができるわけではないので、いろんなものをなぐり書きのようにメモしているのが、このいわゆる『福山ノート』といわれているものなんですけれど。ただ、後から振り返ると、やっぱり私の記憶もこのノートに書いてあるこ

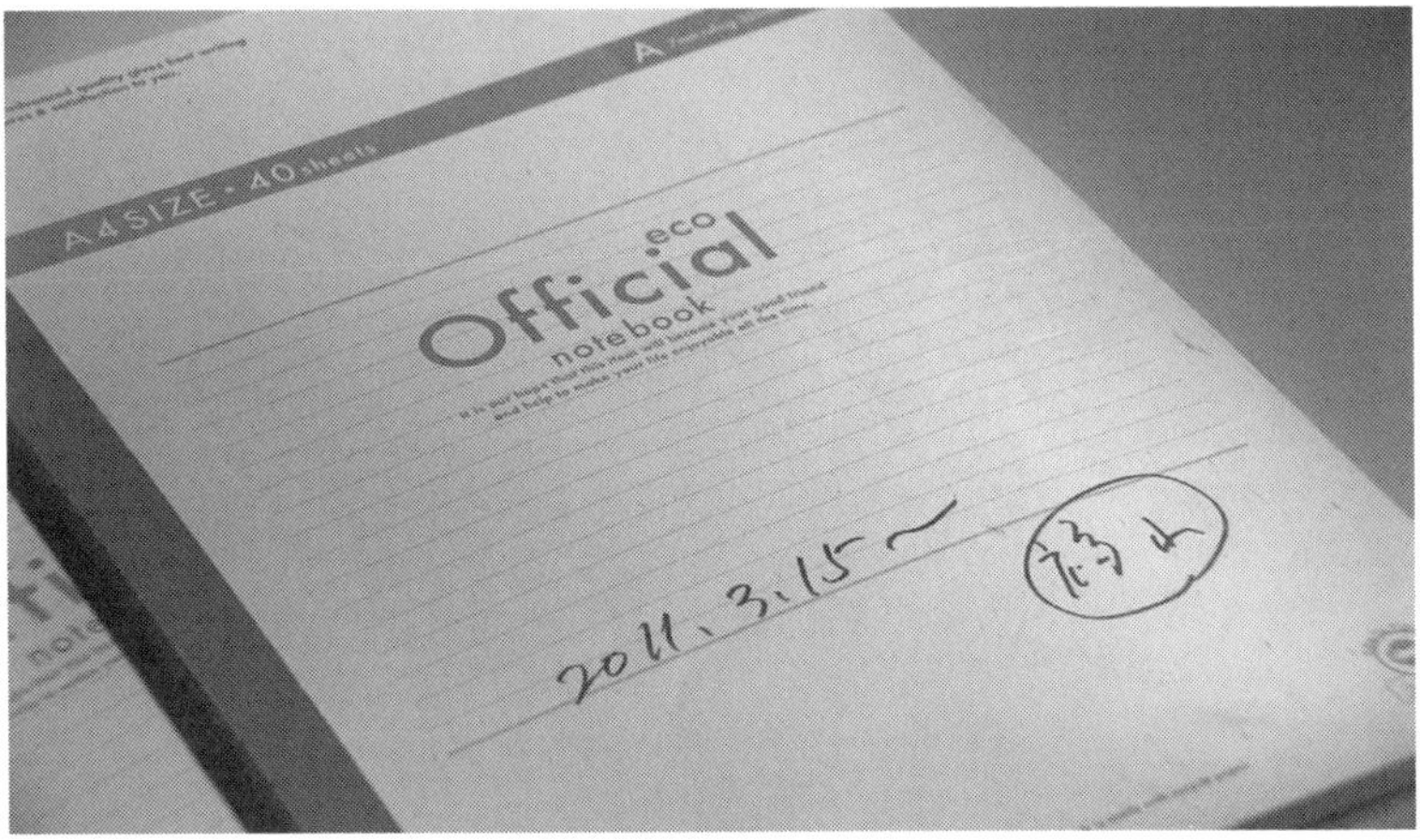

福山ノート

とを中心に残っていることが多いので、ノートにメモを取っていなければ、もっと記憶が薄まっていたのではないかと思います」。

筆者「もちろん、人間の記憶自体は完全なものではないかもしれませんが、やはり記録に残せば、そこは補強されるわけですし、後世の検証に耐え得るかもしれませんしね」。

福山「後世の検証に耐え得るほどの精緻なメモが残っているわけではないんですが、その時の様子とか、自分がこれを書きなぐった時の災害の状況とかは、やはり結構、記憶に残っているものですので。今は、残しておいて良かったなと思います」。

私たちは今回の番組制作にあたって、このノートを福山から借り、中身を精読した。正直に言って、福山本人が言う通り、なぐり書きのような記述が多く、内容が不明な部分も多くあったが、本人に改めて説明してもらったりして、ある程度、内容を解明できた。

そこで、この「福山ノート」に沿って、二〇一一年三月一一日の夜の官邸の動きを追ってみたい。ノートには「19:09　原子力災害対策本部」「福島1号2号3号」「8h→超えると、炉心温度が高まる→10h　メルトダウンを起こすといううきわめて心配な状況」という記述がある。

これは、原子力緊急事態宣言を発令した直後の午後七時、全閣僚出席の原子力災害対策本部が開かれたことを示している。この会議では、福島第一原発が電源を失い、一号機と二号機、三号機の原子炉の冷却ができなくなっていること、このままの状況が今後八時間以上続けば、原子炉内の温度が危機的なまでに高まり、十時間を超えれば、原子炉内の核燃料が溶け落ちる、メルトダウンが起きるという、極めて憂慮すべき状況になっていることが説明された。つまり、日本政府はこの時点で、福島第一原発の原子炉がメルトダウンに陥る可能性を認識していたのだ。

また、福島第一原発の冷却機能を回復するための電源車の手配について言えば、「福山

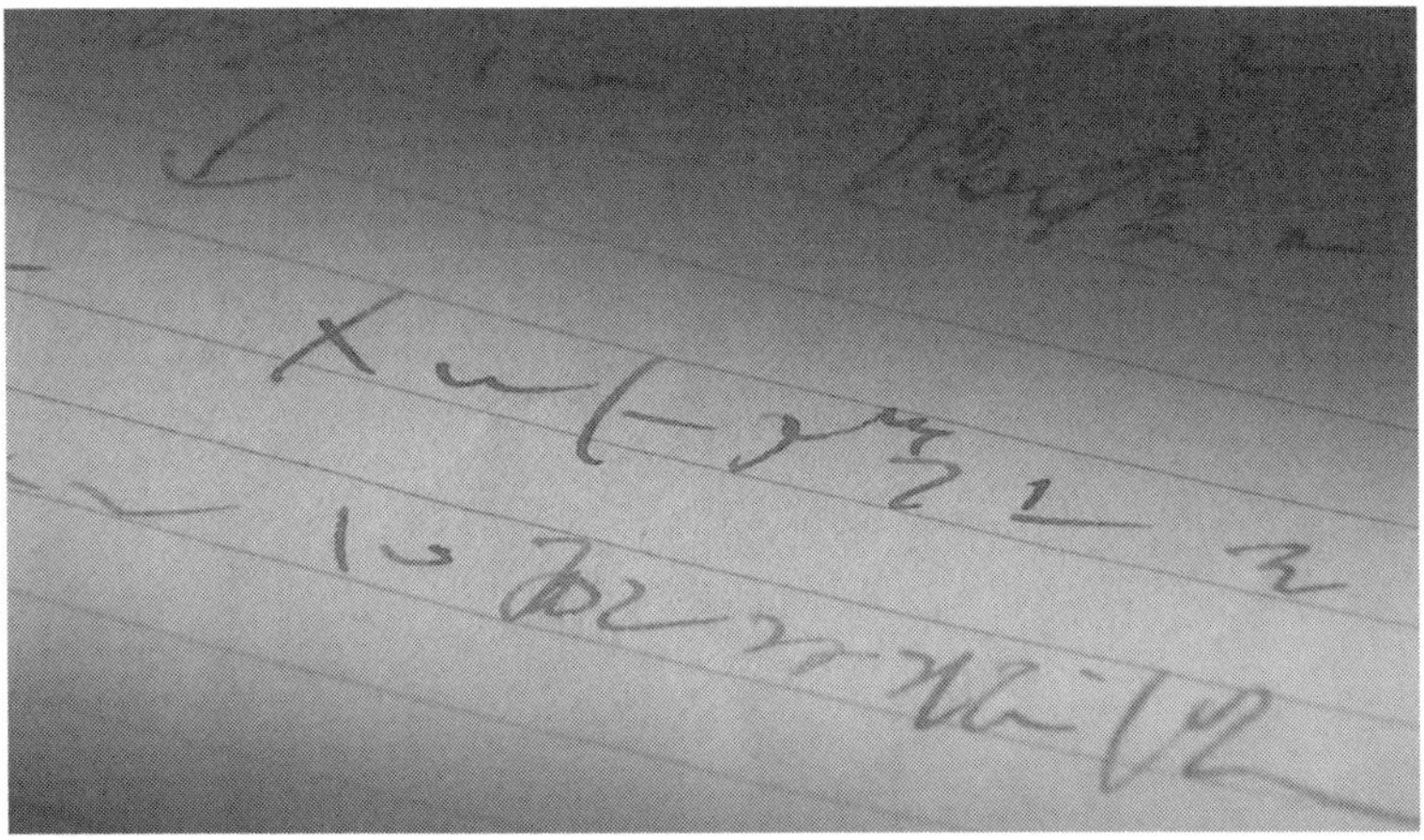

福山ノート

ノート」には、三十台程度についてメドがつき、陸路で現地に投入する段取りが組まれた様子も記載されている。

こうした中で、日付は変わり、二〇一一年三月一二日午前零時十五分、菅直人総理大臣とアメリカのバラク・オバマ大統領との、震災後初めての日米首脳電話会談が行われる。

この電話首脳会談を菅の隣で聞いていた福山。「福山ノート」には、二人の首脳のやり取りが詳細に記されている。特にオバマ大統領は、原発事故に強い関心を示していた。

菅「さっそくお電話をいただき、ありがとうございます」。

オバマ「総理には、大変な一日で、恐ろしい時間をお過ごしのことと思います。アメリカ国民を代表して深いお見舞いを申し上げます」。

オバマ「輸送能力を確保するために在日米軍に支援させることなども含めて、何でもやります。何が必要かを教えてください。また、被害状況も含めて、総理の今の状況認識と原発の状況について、おうかがいしたい」。

菅「感謝します。お言葉、心に染みます。日本政府は緊急対策本部を立ち上げて総力を挙げて取り組んでいます。在日米軍に対しても協力をお願いしており、特に輸送能力の提供を要請しています。被害の見通しですが、現時点でわかっている限りで、少なくとも二百人以上が亡くなり、百人以上が行方不明で、さらに状況は発展しています。津波の被害や火災の発生を考えると、より大きな被害になることがあり得ます」。

菅「原発については、福島第一原子力発電所の三基の原子炉が、地震によって停止しています。緊急時のディーゼル発電機が津波の影響で動かなくなり、冷却の機能が動きにくくなっています。現在、緊急の発電施設を持ち込んで冷やそうとしています。また、大事を取って、周辺住民の一時避難を指示しているところです」。

菅「これからいろいろな面で、アメリカの応援をお願いすることがあるかもしれません。

よろしくお願いします」。

オバマ「チーム同士の緊密なコミュニケーションを取る必要があります。私たちは、あらゆる支援を用意しています。数日のうちにまた話し合いたいです」。

この電話首脳会談はおよそ十分間。会談の前後の官邸の状況について、福山は筆者のインタビューでこう語っている。

「原発の状況をかなり菅総理も気にしておられて、保安院や原子力安全委員会の班目《まだらめ》委員長や経産省の官僚と、原発の状況について逐一やり取りをしていて、これからどういう事態が起こり得るんだということを、断続的にずっと議論をしていました。一方で、岩手、宮城、原発事故とは違う津波の被害のところへの準備も進めていました。当時のその時間、被災地は停電しているので、ほとんど真っ暗で被災状況が確認できません。通信も途絶えています。ですから、次の日の朝一番で、岩手、宮城の被災地の状況を見るために、ヘリの準備をしていました。そこには救援物資等も入れてですね。一方で、岩手、宮城への支援の準備を、夜を徹してみんながやっている中で、原発事故は刻一刻状況が変わるので、議論をずっと積み重ねていました」。

「そういったさなかに、ホワイトハウスのオバマ大統領から状況把握とお見舞いの連絡をいただけるということになって、夜中の、日付が変わった零時十五分ぐらいだったと思いますが、震災後初めての菅総理とオバマ大統領の電話会談がありました。私は『結構、アメリカの対応は早いな』と思ったんですが、同席して、おふたりのやり取りを確認していました」。

「オバマ大統領からは非常に心のこもったお見舞いの言葉と、菅総理や日本の政府の震災対応にあたっているスタッフに対する労いの言葉があって。非常に緊迫感のあるなかで、菅総理もオバマ大統領から非常に心のこもった言葉をいただいて、心強いと感じられたんじゃないかなと、あの時の印象としては思います」。

筆者「心のこもったメッセージとともに、いろいろと具体的な協力のオファーみたいなものもあったんでしょうか」。

福山「はい。まずは先ほど申し上げた電源車の問題。輸送する機材が必要で、アメリカに協力を求めていることは、もうオバマ大統領には情報が伝わっていたので、そのことについても、できる限りのことはすると。それから、今の状態を見極めて、アメリカとしては、何でもできることはやると。緊急のコミュニケーションもいくらでもチームとしては取っていこうと。あらゆる支援を用意していると。数日のうちにまた話し合いたいと。菅総理からは、本当にそれはありがたいと。アメリカに応援をお願いすることがあるかもしれないが、その時はよろしくお願いしたいと改めて申し上げると。そういうやり取りが最後の方にはありました」。

筆者「私は当時、官邸サブキャップでしたが、当時のこの会談についての報道発表はすごく簡素だったんですね。ただ実際には、総理みずからオバマ大統領に原発の状況を、その時点での状況ですけれど、かなり詳しく説明していたんだなと思ったんですが」。

福山「当時、メルトダウンしているかどうかについては、東電が否定していました。その時の原発の状況については、電源機能が喪失して冷却機能が停止しているわけです。この状況で、先々こういった状況が起こり得るかもしれないから、今、緊急車両で電源車を送ってるとか、今後対応しなければいけないとかということについては、かなり具体的に総理からオバマ大統領に伝えていると思います。ただそれが、その時の本当の原子炉の状況を伝えているわけではなくて、あくまでも想定をして『こうなるかもしれないから、今、こうしています』ということを伝えている状況だと思います」。

しかし、現実は冷徹だった。この会談からほどなく、福島第一原発の現場から官邸に、信じられないような報告がもたらされた。福山はその時の状況をこう語っている。

「深夜にようやく複数の電源車が現場に到着したんですが、接続プラグのスペック（仕様）が合わず、電源がつながらない、ケーブルの長さが足りない、こんな報告が現場から官邸に寄せられ、せっかく集めた電源車が使い物にならないことがわかりました。怒りと悔しさ、そして、激しい脱力感に襲われました」。

電源車を確保することで事態の収拾を目指した官邸の政治家や官僚たちの努力は、この時点では、報われず徒労に終わった。それどころか、福島第一原発の事故は、不測の事態に翻弄される彼らをあざ笑うかのように、三月一一日の夜から一二日にかけて、より重大さと過酷さを増していく。原子炉は、すでに制御不能な状態に陥り、暴走を始めていた。

## チェルノブイリを超える惨事になる

二〇一一年三月一一日午後二時四十六分、東北地方を未曽有の巨大地震が襲った時、東京・赤坂にあるアメリカ大使館も激しい揺れに見舞われていた。

当時、駐日アメリカ大使だったジョン・ルースは、その時、大使館九階の大使室でミーティングの真っ最中だった。

ルースはこの時の状況をNHKのインタビューで次のように語っている。

「震災の時、私は上級管理職のチームとともに、大使館の九階にいて、翌週の業務の準備をしていました。その時、マグニチュード9の地震が起きたのです。明らかに激しい揺れで、次第により激しくなっていきました。私たちはみな、大使館が倒れるのではないかと感じました。新しい建物ではなかったので、本当に心配だったんです。大げさではありません。私たちは駐車場に避難し、まずみなが無事であるかを確認しました。その後、私は在日アメリカ軍の司令官と話しました。ご存じのように、日米同盟のため、多くのアメリカ軍が日本に駐留しています。日本に駐留するアメリカ軍は、人道的危機に対する支援を行うための多大な力になりますから、すぐに連絡を取ったんです。ホワイトハウスと国務省にも緊急事態が起きたことを伝えました」。

「また、私たちは、この駐車場にいた時点で、二つのことを知りました。第一に、悲劇的な津波が起きたこと。一般市民が携帯電話で撮影した、悲劇の現場を見ました。第二に、大使館の職員が私のところに来て、『福島で原子力の問題が起きつつある』ことを、防衛省からの連絡で知らされたと報告してくれたこと。ですから、当時、進行していた危機の深刻さは、かなり早い段階で知っていました。単なる地震、単なる津波、単なる原子力有事ではなく、さまざまな危機が多元的に発生していたのです」。

地震、津波、そして原子力有事――。思いもよらなかった複合危機の発生を受けて、大使であるルースの緊張感は一気に高まっていった。同盟国・日本におけるアメリカ外交団のトップとして、この重大な危機において、自分はまず何をなすべきか。

ルースはこの時の思いを次のように述べている。

ジョン・ルース元米国駐日大使

「駐日アメリカ大使、あるいは、いかなる国のアメリカ大使としても、最も大きな責任を負っているのは、そこにいるアメリカ市民の安全と健康を守ることです。それこそがナンバーワンの最優先事項です。しかし、日本との関係を強化するという任務も、アメリカの大使としては、非常に重要でした。日本とアメリカは、ご存知のように、信じられないぐらいの特別な関係があります。私たちは非常に重要な同盟国であるだけではなく、何年、何十年にもわたって深い二国間の絆を築いてきました。つまり、私にとって喫緊の課題は、アメリカ人の安全を守ることだけではなく、差し迫っていた多元的な危機に対処するために、あらゆる手段を使って日本の人たちをどのように助けることができるか、ということでした」。

ルースは当時、五十六歳。アメリカ・カリフォルニア州サンフランシスコの出身で、スタンフォード大学のロー・スクールを経て、弁護士となり、大手法律事務所の経営トップを務めた。二〇〇八年のアメリカ大統領選挙では、民主党のバラク・オバマ陣営の資金調達を担い、オバマ大統領の誕生に貢献。その論功行賞もあって、駐日大使に指名された。

一時期、駐日大使候補として名前があがったハーバード大学のジョセフ・ナイ教授が、いわゆる「知日派」の大物とされるのに対して、ルースは日本との関係が薄く、外交の経験もなかった。このため、当時、日本国内では、オバマ政権の日本軽視の現れではないかという声もあったが、一方で、この人事は、オバマ大統領が個人的な信頼関係を重視したものであり、選挙キャンペーンを通じて大統領に極めて近い人物が大使に選ばれたことは、日本にとっても有益だという声もあった。

ちなみに、歴代の駐日アメリカ大使は、時の大統領が自らに近い政治家や学者、外交官を起用する例が多かった。

一九六〇年代、ジョン・F・ケネディ大統領は、日本生まれで日本人の妻を持つ、ハーバード大学の東洋史研究者、エドウィン・ライシャワーを駐日大使に指名した。一九七七年から一九八八年にかけては、民主党の上院院内総務を十六年間も務めたアメリカ議会の超大物、マイク・マンスフィールドが大使を務めた。その後任は、国務次官を務めた職業外交官のマイケル・アマコスト。一九九三年からは、元副大統領のウォルター・モンデール、一九九七年からは、元下院議長のトマス・フォーリー、二〇〇一年からは、共和党の上院院内総務や大統領首席補佐官を歴任したハワード・ベイカーと、大物政治家の就任が相次いだ。

こうして見ていくと、民間の弁護士出身のジョン・ルースは「異色」である。日本に赴任するまで外交経験がほとんどなかった、その異色の大使が、未曽有の大地震と大津波、そして、原発事故という複合危機に立ち向かい、危機における同盟関係のマネジメントという、極めて難しい任務にあたることになった。ルースにとっては、相当の重圧であり、試練であったに違いない。

ルースはインタビューで、当時の自らの心情について次のように語っている。

「状況は緊迫していました。当時、起きていた悲劇を思うと、とてつもない責任と悲しみを感じました。私が本能的に感じていたことは、この危機に対処するために、アメリカが軍事と民間の両サイドで有する膨大な人的・物的資源をいかにして結集させることができるか、ということでした。それが、当時の私の関心のすべてだったんです。最初の数日間、最初の数か月間もそのように感じていましたが、最初の一週間は本当に緊迫していました。最初の五日間、私は日本の現場の状況に対応したことを覚えていますが、ワシントンでも、こちらを援助できるよう、できるだけ多くの情報を得ようとしていました。まさに二十四時間休みなしのプロセスでした」。

福島第一原発事故は、ルースはじめ多くの関係者が証言するように、最初の一週間が最も過酷で、事故対応も初動の一週間が最も困難だった。私たちはルースに、なぜそれほど困難だったかを問うた。

「それは状況がどんどん変化していったからだと思います。日本、あるいはどの国にとってもそうですが、当然、日本はこのような多元的な危機を経験したことはありませんでした。これは、史上最大の地震のひとつでしたが、幸いなことに、日本の人たちの創意のおかげで、国土が崩壊し、さまざまな悲惨な事態になり得た揺れには、耐えることができきました。しかし、すぐに津波で2万人レベルと言われる死者を出すことになりましたし、もちろん、あの最初の数日間の福島の状況はほとんど前例のないものでした。おそらくチェルノブイリを超える惨事になるであろうと、私たちは考えていました」。

「チェルノブイリを超える惨事になると考えていた」。

この言葉に筆者は衝撃を受けた。

チェルノブイリ原発事故――一九八六年四月二六日、当時のソビエト社会主義共和国連邦（ソ連）の構成国、ウクライナ・ソビエト社会主義共和国のチェルノブイリ原子力発電所四号機原子炉で起きた事故である。特殊実験中だった原子炉で、出力が急上昇し、核燃料の温度も上昇する暴走事故が発生。核燃料の炉心溶融・メルトダウンが起き、水蒸気爆発により原子炉とその建屋が破壊され、爆発とそれに引き続いた火災に伴い、大量の放射能が放出・拡散された。放射能は四月末までにヨーロッパ各地で観測された。

旧ソ連政府がＩＡＥＡ（国際原子力機関）に提出した事故報告によれば、大量の放射性被ばくによる急性障害が二百人余りの原発職員と消防士に現われ、三十一人が死亡、周辺の十三万五千人の住民が避難を余儀なくされた。また、破壊された四号炉は、コンクリートの構造物で囲って封じ込められた。これがいわゆる「石棺」である。

後にIAEAなどが策定した国際原子力事象評価尺度（INES）では、深刻な事故を示す「レベル7」に分類された。まさに史上最悪の原発事故だった。

しかし、ルースによれば、アメリカ政府は福島第一原発事故こそ、その発生当初、チェルノブイリを超える大惨事になると考えていたというのだ。

当時、アメリカが「フクシマ」に抱いていた危機感はすさまじかった。そして、このことが、原発事故に関する情報不足への焦り、ひいては、アメリカ側に十分な情報を提供できなかった日本政府への不信につながっていく。

※福島第一原発事故もINESの「レベル7」と判断されたが、放射性物質の大気への放出量はチェルノブイリの約十分の一とされている。

## もう日本はダメになるんじゃないか

未曽有の大地震と大津波、原発事故という複合危機を前に、弁護士出身の駐日アメリカ

藤崎一郎元駐米大使

大使、ジョン・ルースが、厳しい重圧と試練にさらされていた頃、日本から見て地球の裏側、アメリカ東海岸のワシントンDCでは、日本の駐米大使、藤崎一郎が、外交官人生最大の難局に直面しようとしていた。

藤崎は当時、六十三歳。慶應義塾大学を経て外務省に入り、北米局局長、外務審議官、ジュネーブ国際機関日本政府代表部大使を歴任。二〇〇八年からは駐米大使を務めていた。駐米大使は、日本の外務官僚にとって、事務次官をしのぐ事実上の最高位であり、藤崎はまさにエリート中のエリートといっていい。父はやはり外交官で、条約局長や駐オランダ大使、最高裁判事を歴任した藤崎萬里《まさと》。母方の高祖父は、初代内閣総理大臣の伊藤博文である。親族には、政治家や外交官が多く、まさに「華麗なる一族」の一員だ。

ちなみに筆者は、二〇〇七年七月から二〇一〇年七月までNHKの特派員記者としてワシントン支局で勤務していて、赴任期間の大半は、藤崎が駐米大使だった。ワシントンで日米関係を担当する記者にとって、駐米大使は最も重要な取材対象のひとりである。筆者は、ワシントンに駐在していた三年間、ほぼ毎週、日本大使館で開かれる藤崎大使の記者会見とその後の記者との懇談会に参加していたし、藤崎大使と個別に食事をする機会もたびたびあった。その人柄はよく知っているつもりだ。

藤崎は栄達した外交官であり「華麗なる一族」の出身ではあるが、だからといって、記者に対して、高慢な態度をみせることも傲慢に振る舞うこともなかったと思う。日本の外務官僚にありがちな、妙に気障なところはあるにはあったが、温厚で腰が低く、いつもニコニコしていた印象だ。ただ、口が堅いというか、記者サービスが下手というか、記者が喜ぶような、いわゆる「字になる」ことをほとんど話さないので、記者からの人気はあまりなかったかもしれない。

その藤崎が、二〇二三年二月、東日本大震災から十二年の節目を前に、NHKのインタビューに応じ、震災発生時の駐米大使として、その時の体験を初めてテレビで話してくれることになった。インタビュアーは筆者である。

まず藤崎は、震災発生時の状況について、次のように語った。

「私は当時、ワシントンの自分の家、大使公邸ですけれど、そこで、夜中の二時過ぎくらいに、東京にいた家族からの連絡で地震の発生を知りました。それで直ちにＮＨＫのニュースをつけたら、『本当に大変だ』と思いまして。大使館の総務担当公使に電話して『今、こういう状況になっているので、しかるべく対応してください』と伝えました。そして午前四時くらいに、国務省でアジアを担当していたドノバン筆頭次官補代理が電話してきて『こういう事態なんで、自分もこれから役所に出勤します』と言ってきました。そこからスタートして、午前中は大使館で緊急会議をし、国務副長官とかエネルギー省の副長官とか議員とか、いろいろな方から電話があって、午後は邦人プレス向けに記者会見をして、そのうちアメリカのテレビ局から『出演してください』という要望がありました」。

「やはり、アメリカで一番大きな関心があったのは、福島の原子力事故でした。これがどうなるんだろうかということは、一般の方も非常に関心を持っていました」。

「世界中の人が関心を持っていた中で、世界中の人に伝えるために一番有効な方法は、アメリカのテレビメディアに対して英語で説明することだろうと思いました。ですから、CNNとかNBCとか、いろいろなテレビ局からニュース番組に出てほしいという要望があると、都合がつく限りは全部OKして出ることにしました。一番の目的は、正確な情報を伝えることでした。当時は『もう日本はダメになるんじゃないか』という非常に行き過ぎた見方もありましたから、『日本政府は一生懸命対応しているから』と説明して、風評被害があまり高まらないようにすることも念頭にありました」。

当時、藤崎が出演したCNNのニュース番組を見ると、アンカーが「福島第一原発の原子炉では、メルトダウンが起きているのではないか」と執拗に詰め寄るのに対し、藤崎は「メルトダウンが起きているという証拠はない」と繰り返し答えている。藤崎としては、「日本はもうダメだ」という風評被害が高まらないよう、懸命に対応したのだろう。

「私たちができるのは、日本政府が言っていることをきちんと説明するということなんです。東京も非常に大変な状況ですから、東京から必ずしも情報が来ているわけじゃない。(外務本省からの)応答要領というのは、極めて一般的な形の物しか来ていませんので」。

「ワシントンの日本大使館には、各省庁が中堅以上の極めて優秀なスタッフを送り込んでいますので、その人たちで二十人以上のチーム『ミニ霞が関』が作れます。このチームを活用して、大臣の発言であるとかいろいろな情報を集めて、『（テレビでは）ここまで言えますかね』とか『ここまで言ってみるか』という形でやっていました」。

藤崎はオンカメラのインタビューで慎重に言葉を選んでいるが、つまりは、福島第一原発事故の発生当初、東京の日本政府中枢からは、原発の状況に関する情報が全く寄せられず、ワシントンの出先である日本大使館は独力で情報を集めて、遠慮も忖度もしないアメリカメディアの攻勢に対応せざるを得なかったということだろう。これに関連して、藤崎はオフカメラでこう本音を漏らした。

「アメリカのテレビ出演はぶっつけ本番ですからね。台本なんか何も用意されませんし、日本のテレビみたいに、どんな質問をされるかを事前に知らされることはありませんから」。

## とにかく現場の様子がわからない

二〇一一年三月一一日の深夜から一二日の未明にかけて、福島第一原発では、一号機がすでに制御不能の状態に陥り、暴走を始めていた。冷却機能を失った原子炉では、核燃料を閉じ込めている格納容器の圧力が急上昇しており、このままでは格納容器が爆発して、大量の放射性物質が外部に飛散する恐れがあった。

この最悪の事態を回避するためには、「ベント」を行うしかない。福島第一原発の現場はそう判断し、東京電力本店も了承した。

ベントとは、原子炉の格納容器の圧力が高まった際に、容器の逃がし弁を開けて蒸気を外に放出して、容器内の圧力を下げ（減圧）、容器の破損を防ぐ措置である。もちろん、逃がす蒸気は核物質と同じ容器の中にあったものなので、放射性物質を含んだ蒸気が外部に放出されることになる。大変深刻な行為だが、それでも、格納容器そのものが爆発して核物質が飛び散っていくよりは、はるかに被害が少ない。

東京電力からの要請を受けて、総理大臣官邸もベントの実施を了承した。

菅直人総理大臣（2011 年 3 月 11 日）

しかし、そのベントがなかなか実施されないのだ。

こうした状況に、内閣総理大臣・菅直人は焦りといら立ちを深めていた。

菅は当時、六十四歳。東京工業大学を卒業後、一九八〇年の衆議院選挙で初当選し、社会民主連合副代表や新党さきがけ政調会長を経て、一九九六年、第一次橋本龍太郎内閣で厚生大臣に就任。「薬害エイズ」問題の解明で脚光を浴びる。その後、民主党を結成し、代表や幹事長を歴任。二〇〇九年九月に発足した民主党・鳩山由紀夫政権では、副総理、国家戦略担当大臣、財務大臣を務め、翌二〇一〇年六月に第九十四代内閣総理大臣に就任していた。

菅はこの時の状況を筆者にこう説明した。

「三月一二日の零時過ぎの段階で、現地では、福島第一原発の吉田所長が一号機のベントの準備の指示を出していました。そして東電からは、ベントを了承してほしいという要望があったので、一時過ぎから協議しました。東電の武黒フェロー、原子力安全委員会の班目委員長、海江田経済産業大臣、枝野官房長官、福山副長官がいたと思います。私たちにベントをためらう気持ちはありませんでした。むしろ、一刻も早くやってくれという思いでした。私の理解は、ベントをすれば爆発は回避できる、それで時間を稼いでいる間に電源車が稼働すれば、冷却機能が回復し最悪の事態は回避できる、というものでした。『どれぐらいの時間でベントができるのか』と聞くと、武黒フェローは『準備に二時間ほどかかる』と言いました。『ということは、午前三時頃にベントができるのだな』と認識しました」。

ちなみに、このあたりの事実関係については、福山官房副長官が書き残したメモ「福山ノート」にも同様の記述がある。「0:57　総理キキカンリセンター入り」「1号　ベントに入る　水位＋1ｍ　2ｈくらいメド」となっている。この記述によれば、午前一時から二時間後、つまり、午前三時をメドに一号機のベントを実施できるというのが、官邸の共通認識となっていたのだろう。

しかし実際は、午前三時を過ぎても、ベントは実施されなかった。

こうしたなかで、菅は福島第一原発の現地を直接、視察する意向を固めていく。

菅はこの時の心境を次のように語った。


「とにかく現場の様子がわかりませんでした。官邸の意向が現場に届いてるかどうかもわからない。官邸に来ている東電の職員に何を質問しても即答できず、回答が来るまでに時間がかかりました。現場から東電本店、本店から原子力安全・保安院、保安院から官邸、あるいは、本店から官邸にいた東電の社員といった形で、伝言ゲームが行われていたんです。その伝言が正確であれば、まだいいんですが、どこかの段階で重要なことが落ちていたり、故意ではないにしろ、ゆがんで伝えられている可能性がありました。そこで、とにかく短時間でも現地に行って責任者に話を聞こうと決めました」。

ただ、この菅の現地視察の意向は、官邸内に波紋を呼んだ。

総理大臣補佐官だった寺田は、次のように証言する。

「総理の政務秘書官から、現地視察の話を聞いた時、私の第一印象は否定的でした。福山官房副長官に相談しましたが、同じく否定的。枝野官房長官にも相談しましたが、同じく否定的。現場が大変ことはわかりきっていますから、総理に再考するよう進言しました。総理は多少、迷っている様子を見せましたが、それでも準備だけは進めるよう指示されました」。

菅の指示を受けて、寺田は秘書官チームとともに、具体的な行程案の作成と移動・連絡手段の検討に入った。

陸上自衛隊の要人輸送用ヘリコプター「スーパーピューマ」で、総理大臣官邸から福島第一原発の免震重要棟に向かい、現地の責任者と協議した後、同じく陸上自衛隊のヘリコプター「チヌーク」に乗り換えて、津波被害の状況を宮城県上空から視察する。飛行中も常時、電話が確実につながるよう、寺田は入念に確認した。国家的危機の際に最高指揮官である総理大臣と連絡が取れなくなることは、絶対に避けなければならないからだ。

また、視察の随行者を誰にするかという問題があった。ヘリコプターに乗れるのは十人程度。総理大臣と政務秘書官、警護官と医務官は必須だが、残りはどうするか。菅から、原子力安全委員会の班目春樹委員長を同乗させるよう指示があった。原子力安全委員会は、原発事故が発生した場合、政府に対するアドバイザー機関となる。そのトップが班目だった。そして、広報担当の内閣審議官。共同通信社の総理番記者も乗ることになった。あとは、総理大臣の補佐としての政治家を誰か一人。福山か寺田しかいない。

「福山さんは私に『どうする?』と聞いてきて、特定の意思はない様子でした。それで私の方から『東北で起きた事故なので、東北出身の私が参ります』と申し出ました」。

「内心、怖かったです。でも、任務ですから」。

午前三時を過ぎていただろうか。総理の現地入りの大方の調整が終わり、少し時間ができた。これから数日は帰れないと思い、寺田は、官邸の裏にある議員宿舎に着替えを取りに帰ることにした。万が一のことを考えて、妻に会っておきたい気持ちもあった。

「自宅で急いでシャワーを浴びました。そして着替えをたくさん抱えて、妻にまもなく福島原発に行くことを伝えました。妻の表情が硬くなったのを記憶しています」。

## 現場の放射線量が急上昇している

三月一二日の夜明け前、寺田は官邸に戻った。まもなく福山官房副長官が総理大臣執務室に入り、「至急、地下の危機管理センターに来てほしい」と菅総理大臣を迎えに来た。危機管理センターに向かう途中、福山が血相を変えて、菅に二つの重要事項を報告した。

「福島第一原発敷地内の放射線量が急上昇している」。

「原子炉の圧力を下げるため、蒸気を外に放出するベントが、なぜかまだできていない」。

時計の針は午前五時を回っていた。福島第一原発への出発予定時刻は午前六時。もう一時間もない。

危機管理センターの会議室で、菅は、枝野官房長官、福山副長官、班目原子力安全委員会委員長らと協議を始めた。ベントができない理由は何か。原子炉格納容器の爆発に備え避難区域を拡大すべきか。

菅はこの時の状況を次のように話した。

「福山副長官から、ベントがまだ始まっていないと告げられ、私は驚きました。とっくに始まっていると思っていましたから。後で知ったことですが、手動でないと弁が開かないのですが、放射線量が高くて作業が進まないためでした。私は班目委員長に『ベントができないと、どうなるのか。格納容器が爆発する危険性はないのか』と尋ねました。班目委員長は『ゼロではないです』と答えました。このやり取りを聞いていた枝野長官と福山副長官が『避難区域を十キロから拡大させてはどうか』と言うので、了承しました」。

「最初に三キロの避難区域を決めたんですが、ベントが遅れているので、爆発の可能性を考慮した方がいいという判断で、十キロにしたんです」。

三月一二日午前五時四十四分、福島第一原発周辺の避難指示区域は半径三キロから十キロに拡大された。

一方、官邸の屋上では、午前六時の出発予定に備え、ヘリコプターが待機し、暖機運転を始めていた。寺田は、総理に最終判断を仰ぐため、会議室に入室した。

「会議室の中では、ベントが予定通り実施されないことへの焦燥感と、自らベントを発表しながら、実行が伴わない東電への不信感が強かった様子でした。それを払しょくする意味合いが強く、総理が『現地に行く』と最終判断しました」。

「私だけただちに会議室を出て、秘書官たちに『現地入り決行』を伝えました。『やっぱり行くんだ……』と気持ちが重かったです」。

総理大臣による原発事故の現地視察……。これには、官邸内でも慎重意見があった。それでも、現地入りを決行したのはなぜか。菅は、その理由を次のように説明する。

「特に枝野官房長官が『賛成できかねる』と言ったと記憶しています。ただ、それは、最高指揮官が官邸から離れることで生じる実務的な問題を理由にしての反対ではなくて、政治的に後で批判されるのでやめた方がいいという理由だったと思います。枝野長官とし

枝野幸男官房長官（当時）

ては、私の評判が落ちることを心配してくれたのだと思いますが、私は、自分の評判がどうなろうと、現場へ行って自分の目と耳で把握する必要があると考え、決断しました」。

災害時に総理大臣がどの段階で現地に行くかについては、常に議論がある。何日も経ってから行けば、「今頃、何をしに来たんだ」と批判されるだろうし、すぐに行けば、「現場が混乱している時に総理が来ると、さらに混乱する」と批判される。一般論としても、危機の際に指揮官が陣頭指揮を執るべきか、どっしりと座って部下に任せるかは、議論が分かれるところだ。

「枝野長官が危惧した通り、この現地視察は後に国会で批判されました。しかし私は、正しい判断だったと確信しています。この段階で現地視察をしたので、現場の責任者の吉田所長と会うことができ、現場と東電本店の意思疎通の悪さも実感できました。また、この時は、地上に降りたのは福島第一原発だけでしたが、ヘリから津波の被害を見たいという思いもありました。あの時は、津波の被災地からの通信が途絶えているところが多くて、情報がほとんどありませんでした。テレビの映像は見ていましたが、直接、見なければ、災害の規模は実感できないと考えていました」。

午前六時十四分、「スーパーピューマ」が官邸屋上から飛び立った。菅と班目が隣同士に座り、寺田と政務秘書官がその向かいに座った。ヘリのエンジン音で機内はうるさく、耳元で大声で叫んでようやく聞こえる程度だった。そんな中で、菅は隣の班目にさまざまな質問をしたという。

「はっきり覚えているのは『水素爆発の危険はないのか』と訊くと、班目委員長が『水素が格納容器に漏れ出ても、格納容器の中には窒素が充満していて、酸素はないんです。だから爆発はあり得ません』と断言したことです。それまで東電の社員や保安院の職員は

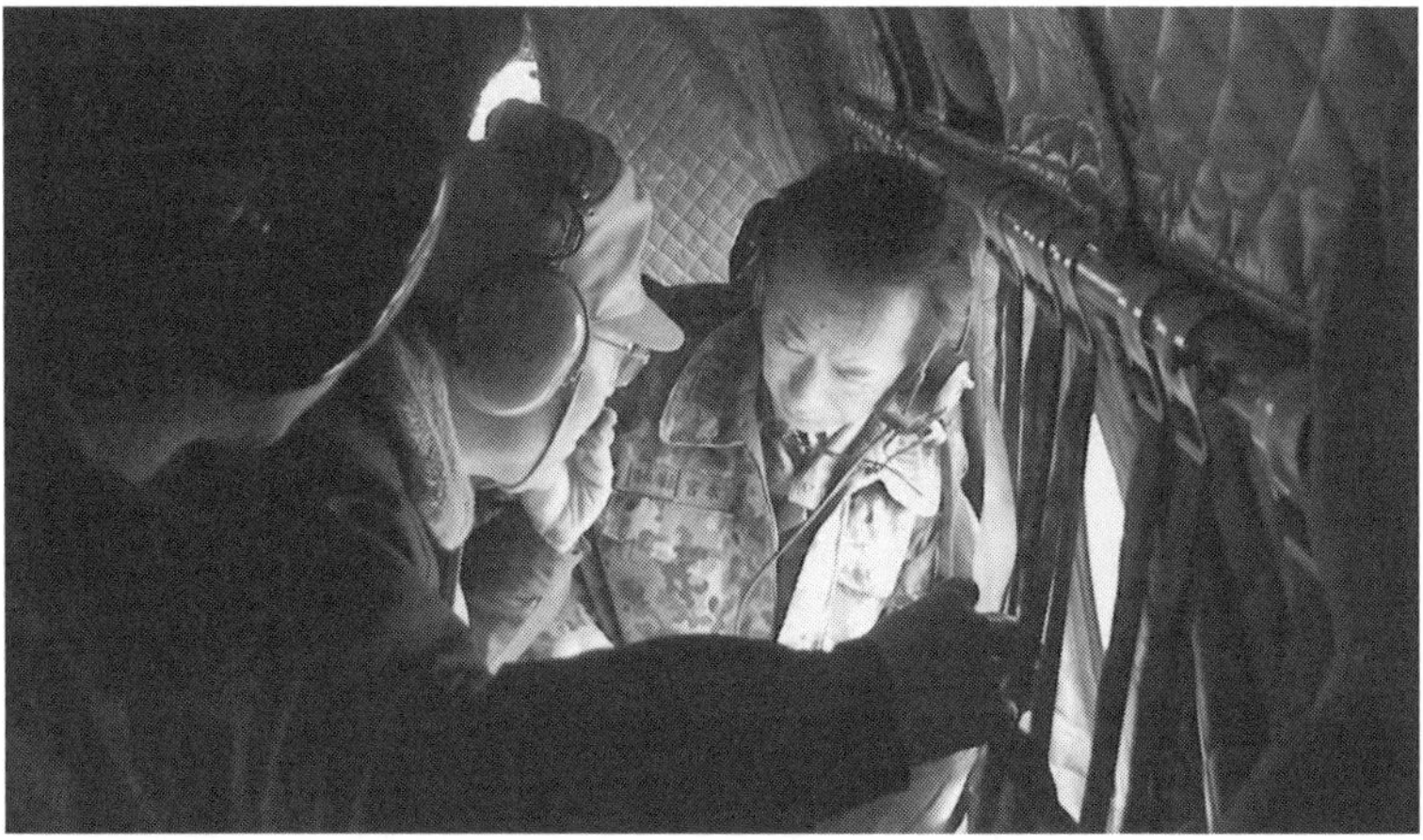
菅直人総理大臣（2011年3月12日内閣広報室提供）

『わかりません』と言うばかりでしたので、私たちはいらだっていたんですが、この時の班目委員長は自信をもって『爆発はあり得ません』と言ったので、私は安心しました。しかし、これは大きな間違いでしたが」。

## 決死隊を作ってでもやります

ヘリはひたすら海岸線を北上し、およそ一時間後、降下を始めた。福島第一原発のグラウンドに着陸したのは、午前七時十二分だった。

ヘリのドアが開き、降り立った一行は、真っ白なタイベックスーツを着て全面マスクをした誘導員の指示で、待機していたバスに乗り込んだ。最前列に菅が座り、隣には、東京電力の武藤栄副社長が座った。寺田が三列目に腰掛けると、その時。

「一番前に座っている総理から怒鳴り声が聞こえました。『なんでベントができないんだ』と。武藤さんは何か説明しているようでしたが、声が小さくて聞こえませんでした。総理の怒鳴り声が幾度も響きました」。

菅はこの時の心境を筆者にこう説明した。

「武藤副社長に、なぜベントができないのかと質問すると、口ごもるだけなので、つい声を荒げてしまいました。私はこの時点で、この事故は国家存亡の危機になるという認識を抱いていました。その危機を回避できるかどうかはベントにかかっているんです。こちらはそういう危機感を持ってやって来たのに、責任者であるはずの副社長が煮え切らない返事だったんです。ベントができないなら、その理由を説明してくれればいいのに、何もはっきり言わない。それで声が大きくなってしまいました」。

しばらくして、バスは免震重要棟に着いた。バスを降りた一行が入り口のドアに向かうと、係員から「早く入れ！」と怒鳴り声が聞こえてくる。

「総理が総理として扱われていない」。寺田は思った。中に入ると、壮絶な光景が目に飛び込んできた。

「免震重要棟の入り口付近は人であふれていました。廊下には、上半身裸の男性が汗だくで床に寝そべっていました。階段に到達すると、そこも人だらけで、壁にはびっしり人がもたれかかっていて、一様に目が疲れていました。目の前に総理大臣がいることを気づく人はほとんどいなかったでしょうし、気づいても目で追う程度でした」。

菅もこの光景をまるで戦場のようだと感じていた。

「廊下には作業員があふれていて、床に寝ている人が何人もいました。毛布にくるまっている人もいれば、上半身をはだけている人もいました。ほとんどが、うつろな目をしていました。まるで野戦病院のようだと思いました」。

一行は二階の会議室に案内された。部屋には、大きなモニターとテーブルがあり、テーブルの上には、福島第一原発の地図があった。

ほどなく東京電力の武藤栄副社長と福島第一原発の吉田昌郎所長が入ってきた。向かいには、菅と班目、寺田が座った。

以下のやり取りは、寺田の記憶に基づく。

まず武藤副社長が、今までと同じような一般的な説明を始めると、菅が怒鳴った。

「いいから、なんでベントができないんだ！」。

答えたのは吉田所長だった。

「現在、電動でベントすることを試みています」。

「いつになったら、できるんだ！」。

「四時間を予定しています」。

菅直人総理大臣（2011年3月12日内閣広報室提供）

「昨晩から、やるやると言って、いつまでたってもできないじゃないか！」

「手動ベントも考えています。実行するかどうか、一時間後には決めます」。

手動ベント。これは、遠隔地から行う電動ベントと違って、作業員が原子炉建屋の内部に直接入って作業するため、非常に危険な行為だ。それでも、菅は続けた。

「そんな悠長なことじゃなくて、すぐやれないのか」。

「内部の放射線量が非常に高いのです。でも、決死隊を作ってでもやりますから」。

「決死隊を作ってでもやります」。この吉田の一言が場の雰囲気を変えた。寺田は言う。
「この言葉に込められた迫力は、その場にいた者しかわからないかもしれません。事故が発生した三月一一日の夜以来、東電側から初めて聞いた、強い言葉でした」。
「吉田所長にお会いしたのは、この時一度だけです。ただ、それまで電源車の手配やベントについて、東電幹部から発せられるのは、あいまいな『できない理由』ばかりでしたが、吉田所長は『どうすればできるか』を語る人でした」。

菅もこの時のことを次のように回想する。

「吉田所長は、私がこれまで官邸で接してきた東電の社員とは全く違うタイプの人間で、自分の言葉で状況を説明しました。『電動のベントはあと四時間ほどかかるので、手動でやるかどうかを一時間後までには決定したい』ということでした。ただ、当初の話では、ベントの予定時刻は午前三時のはずでした。それからすでに四時間が過ぎているのに、さらに四時間待てという。『そんなに待てない。早くやってくれないか』と言うと、吉田所長は『決死隊を作ってやります』と言いました」。

「批判されるという政治的リスク、被爆という健康リスクもあったが、私がこの時点で視察に踏み切ったことの最大の収穫は、現場を仕切っている吉田所長がどのような人物なのかを見極めることができたことです。何しろ震災直後から、私のもとへは確かな情報がほとんど来ませんでした。こちらの指示が、現場で対応にあたっている人たちに本当に伝わっているかもわからない。何が伝わり何が伝わっていないかもわからない。生の情報を一番もっているはずの東電も、現場から私に伝わるまで何人もが介在し、結局、誰が判断しているのか、誰が責任者なのか、聞いてもわからなかった。すべてが匿名性の中で行われていましたが、吉田所長と会って、『やっと匿名で語らない人間と話ができた』という思いでした」。

福島第一原発の視察を終えた一行は、午前八時五分、ヘリコプターで次の視察先である宮城県上空に出発。その後、津波の被害の惨状を確認し、東京・永田町の総理大臣官邸に戻ったのは、出発から四時間半が過ぎた午前十時四十七分だった。

菅は総理大臣執務室に入るなり、出迎えた福山官房副長官にこう言ったという。

「吉田所長は大丈夫だ。信頼できる。あの男とは話ができる」。

## 原発が爆発しています！

三月一二日午後二時半頃、東京電力から官邸に「一号機の格納容器の減圧に成功した。放射性物質の若干の流出はあるが、危機的状況は脱した」という報告が入る。

官邸に若干の安堵の空気が流れる中で、午後三時から与野党の党首会談が開かれ、四時過ぎに終了。党首会談を終えた菅は、執務室に戻る道中、危機管理監から「福島第一原発で爆発音がし、白煙があがっている」という報告を受けた。そして、執務室で詳しい説明を受けることになった。菅はこの時の状況を次のように証言する。

「私は東電の武黒フェローを呼び、『どうなっているんだ』と訊きました。武黒フェローは『聞いていません。本店に聞いてみます』と言って電話をかけました。『そんな話は聞いていません』という返事でした。班目委員長に『何の白煙だと考えられますか』と尋ねると、『サイトには、揮発性のものがたくさんあるので、そのどれかが燃えているのでしょう』とあいまいな答えでした。そこへ寺田補佐官が血相を変えて入ってきて、『すぐにテレビを見てください』と言ったんです」。

テレビ画面には、一号機が爆発している様子が映っていた。

「私は言葉が出ませんでした。たしか、下村審議官が斑目委員長に『今のは何ですか。爆発が起きているじゃないですか』と訊いていました。委員長は両手で顔を覆っていました」。

この会議に同席していた下村健一・内閣広報室審議官は、元々、TBSテレビのアナウンサーで、TBSを退職してフリージャーナリストとなり、当時は、旧知の菅の要請で、官邸の広報担当者に就任していた。下村の著書「首相官邸で働いて初めてわかったこと」(朝日新聞出版)によれば、この場の状況は次のように描写されている。

一二日の夕方、誰かが総理執務室に血相を変えて飛び込んで来て、テレビで爆発の映像が流れていることを告げた。すぐにチャンネルをＮＨＫから日本テレビに変えて、僕らは原子炉建屋から煙が立ち上がるあのシーンを見た。一瞬言葉を失った後、あきれ果てて憤りが抜け落ちてしまったような、妙に穏やかな口調で、菅さんは目の前の班目委員長に言った。

「爆発しないってあんなに言っていたじゃないですか…」

班目さんは、無声音で、

「あー……」

と呻くと、両方の手で頭を抱えて前屈し、しばらくそのまま動かなかった。クサい演技のドラマの中だけでなく、現実の世界でも人間はこういう時、こういうポーズを本当に取るのか、と僕は茫然と見つめるしかなかった。こちらが頭を抱えたくなる思いだった。

一方、寺田総理大臣補佐官は次のように証言する。

「私が秘書官室で作業をしていると、隣の付室から『4チャン見てください！』と大声

福島第一原発（当時）

が聞こえました。急いでテレビを日本テレビにあわせると、原発が爆発していました。反射的に総理執務室に駆け込み、『原発が爆発しています』と慌て気味に報告しました。テレビのリモコンを取って爆発映像を見せると、班目委員長が『あちゃぁ』と頭をうなだれました。総理は厳しい表情で、これは、総理、激怒するかなと思いましたが、口調は落ち着いていました。『これは何ですか』と班目委員長に尋ねましたが、返答は要領を得ないものでした」。

実際に爆発が起きたのは午後三時三十六分。これを最初に報道したのが、地元民放の福島中央テレビで、その映像を系列の日本テレビが全国ネットで放送したのが、午後四時五十分だった。官邸の政権幹部たちは、この時のテレビ映像を見て、初めて爆発を知ったのである。テレビが、原発の爆発を報道しているのに、国家の中枢である官邸は、それまでこの事実を把握していなかった。信じられない事態である。菅は次のように証言する。

「後で知ったことですが、爆発から一時間以上が経っていて、テレビがそれを報じているのに、東電からも保安院からも何も報告はありませんでした。この時、枝野官房長官の記者会見の予定が迫っていました。すでに一号機が爆発していることは、全国民、全世界が周知の事実でした。それなのに、国民に説明しようにも、私たちには何も情報がなかった」。

「この会見で、枝野長官は苦肉の策として『爆発的事象』と言って批判されましたが、東電からも保安院からも『爆発』という報告がない以上、政府としては、『爆発』と断定できなかったんです」。

官邸には、とにかく確たる情報がなかった。爆発が起きたのは、一号機の建屋なのか格納容器なのか。この爆発で放射線量は上昇したのか。衝撃的な映像のみが流れ、実態が報告されない時間が続いた。

こうした中で、午後五時三十九分、政府は、福島第二原発周辺の避難指示区域を半径三キロから十キロに拡大した。第一原発同様、第二原発でも爆発が起きる可能性を考えての措置だった。

しばらくして、爆発したのは格納容器ではなく原子炉建屋であり、核爆発ではなく水素爆発だという報告が入る。つまり、核燃料を封じ込めている格納容器そのものが爆発したわけではなく、格納容器を覆っている建屋が水素爆発したということで、炉心内部が外気にさらされて大量の放射性物質が飛散する、最悪の事態には至っていないようだった。

では、そもそも水素爆発とは何か。

水素爆発とは、水素が酸素と反応して起きる爆発をいう。大気中における水素の割合が一定濃度以上に高まると、静電気などの小さな原因で引火・爆発してしまう。

福島第一原発の場合は、津波による浸水で非常用電源が失われ、冷却機器が運転不能になったことで、原子炉の圧力容器内の水が蒸発し、炉内の水位が低下した。これに伴い、水面から露出した核燃料棒の表面温度が上昇し、水蒸気と化学反応して大量の水素が発生した。それが、格納容器の損傷部から漏れ出て建屋の上部にたまり、何らかの理由で引火して、天井や壁を吹き飛ばす爆発が起きたのである。この爆発により、現場の収束作業は著しく困難になった。

午後六時二十五分、政府は、福島第一原発周辺の避難指示区域を半径十キロ圏内から二十キロに拡大した。この時点では、一号機の爆発の原因は確認されていなかったが、二号機、三号機も冷却機能が失われて危険な状態にあることは変わりなかったので、その危険性に鑑み、避難区域を拡大する措置を取ったのだ。

菅はこの時の心境を振り返る。

「この頃から私は、このままいくと避難しなければならない範囲はどこまで広がるのかを考えるようになっていました。例えば、一号機がいよいよメルトダウンして、高線量の放射性物質が外へ出たら、一号機に近づけなくなるだけでなく、隣の二号機にも近づけなくなり、三号機、四号機にも近づけなくなるという負の連鎖が生じるように思えました。福島第一だけで六つの原子炉があり、使用済み核燃料プールはそれぞれの号機にあるほか、共用プールがあるので七つあります。それらのすべてから放射性物質が拡散する事態になれば、東京までもが避難区域になる可能性があります。そうなった場合、いったいどんな避難オペレーションがあるでしょう。大雑把に言って、首都圏の三千万人を含めて、東日本全体では五千万人が暮らしています。仮に五千万人の避難が可能だったとして、その後、日本は国家として成り立つでしょうか。『最悪のシナリオ』という言葉が私の脳裏に浮かびました」。

# 第二章——DAY3&DAY4　日米同盟「不信の構造」

## アメリカに直結する大問題だ

二〇一一年三月一一日午後二時四十六分、日本で巨大地震が発生した時、日本から見て地球の裏側、十四時間の時差があるアメリカ東海岸は、まだ夜のとばりの中だった。

このため、アメリカ原子力規制委員会・NRC（Nuclear Regulatory Commission）の当時の委員長、グレゴリー・ヤツコがそれを知ったのは、アメリカ東部時間の一一日朝になってからだった。ヤツコは、この時の状況をNHKのインタビューでこう話している。

「原子力規制委員会のオペレーションセンターから電話を受けたことを覚えています。私はまだ家のベッドにいて、これから起きようとしていたかもしれません。日本の沿岸で大きな地震があり、大きな津波が来る可能性が高いということを電話で伝えられました。その時点では、原発が後に重大な事故になるだろうとは知らされませんでした。私たちが、原子炉が非常に深刻なトラブルに陥っているという、はっきりした情報を入手し始めたのは、その日のもっと後のことでした」。

グレゴリー・ヤツコ元米国原子力規制委員会委員長

「実は、その日の朝の段階では、私たちは、アメリカ西海岸の原発に津波の影響があるかどうかにより注目していました。この地震が『水の壁』を何千マイルも押し流して、実際にアメリカ西海岸にまで影響を及ぼしたことは、そのパワーを考える上で驚くべきことです。西海岸まで到達した頃には、大きな波ではありませんでしたが、津波に起因する波が観測されました。もちろん、アメリカの原発に影響はありませんでしたが、私たちはまず、そのことを確認したかったのです」。

ヤツコは当時、四十歳。民主党上院のトップである院内総務まで務めたハリー・リード議員の科学政策アドバイザーを経て、二〇〇五年、原子力規制委員会・NRCの委員に就任し、二〇〇九年、民主党のオバマ大統領によって委員長に任命された。ちなみに、リード上院議員は強硬な反原発派として知られており、ヤッコの言動やＮＲＣの方針にも影響を与えたとみられている。

アメリカ東部時間の三月一一日金曜日午後、ヤッコはホワイトハウスに呼ばれた。

「金曜日の夜までには、日本の原子炉で非常に深刻な問題が起きていることが明らかになりました。その日から三、四日の間、非常に緊迫した対応が始まりました」。

「当初、私たちは、アメリカ政府、国防総省、エネルギー省、もちろん国務省、そしてホワイトハウスの全ての部署と緊密に協力しました。最初の予想を超えた深刻な事態に発展することが明らかになったのは、金曜日の午後から夕方にかけてのことでした」。

アメリカ東部時間の一一日金曜日午後というと、日本時間の一二日未明。当時、総理大臣官邸は、福島第一原発一号機のベントをめぐって、極めて緊迫した状況にあった。

こうした中で、ヤッコはその日の夜のうちに、原子力の専門家を日本に派遣することを決めた。

「金曜日の夜、アメリカ政府内で、核の専門家を送ることについて協議し、まず一人を動員しました。今でも覚えていますが、部屋中を見回して『今すぐ空港に行けてパスポートも持っている人が誰かいたら、その人に行ってもらおうか』と言いました。ちょうどそういう人が一人いたので、確か国務省の手配だったと思うのですが、すぐ飛行機に乗せ、日本に派遣しました」。

「さらにもう一人、専門家を派遣し、それから数日後には、最終的に、チャック・カストーが率いることになる大人数のグループを派遣することになりました」。

なぜアメリカから日本に人を派遣する必要があったのか。ヤツコはこう説明する。

「何が起きているのかを理解するために助けになる専門家に現場にいてほしいと、アメリカ政府が要請していました。もちろん、原子力発電所の事故というのは、非常に特殊な状況です。駐日アメリカ大使館には、ＮＲＣのスタッフが持っているような専門知識を持っている職員が多くはいませんでしたから、在日アメリカ人だけでなく日本政府にも最大限の協力ができるよう、人材を派遣して、両国の専門家が意見を交わすことが重要だと考えました」。

「アメリカ市民の安全が守られるよう、できる限りの支援をすることが、私の役割でした。日本の原子炉は、もともとアメリカが設計したものであり、私たちはそのテクノロジーに精通していましたから、私たちの専門知識を提供することで、日本政府を支援したいと考えていたのです」。

ヤツコが言うように、アメリカ政府は、震災発生直後から、ホワイトハウス、国務省、国防総省、エネルギー省、原子力規制委員会（NRC）などが、在日アメリカ人の保護と日本への支援に向けた、様々な取り組みを始めていた。特にNRCは、深刻さを増す原発事故に対応するため、独自の専門家チームの派遣を早々に決めていた。

こうしたアメリカ政府の動きをワシントンで間近に見ていたのが、駐米大使の藤崎一郎だった。藤崎はNHKのインタビューで、次のように話している。

「国務省は、日本の震災と原発事故に二十四時間態勢で対応するチームを作って、取り組んでいました。こうした動きは、実は、国務省だけではなくて、例えば、ホルドレンという科学技術政策担当の大統領補佐官は、エネルギー省のスティーブン・チュー長官と一緒に、十数人の原子力安全の専門家とグループを作って、毎日、電話会議をしていました。専門家たちに『今の状況はこうです』と説明して、彼らからアドバイスを受けて、それを大統領に報告し、同時に日本の専門家にも連絡していました」。

「国務省だけでなく、国防総省もエネルギー省もホワイトハウスも、みな、それぞれの組織のトップに、毎日毎日、報告していたと思います。それくらい、これは自分たちに直結する大問題だと思って、対応していたと思います」。

広大な太平洋を挟んで遠く離れた日本とアメリカ。

そのアメリカが、日本の震災と原発事故の対応に、全面的な支援と協力を行うと決め、藤崎の言葉を借りれば「自分たちに直結する大問題」と考えて取り組んだのはなぜか。

筆者はその理由の一つとして、当時のオバマ政権が、地球温暖化対策の観点から、原子力エネルギーの活用を推進する立場にあったことが影響しているのではないかと考えた。つまり、福島第一原発事故の収拾いかんでは、オバマ政権の原子力政策にもマイナスの影響を与えかねないと考え、アメリカはその危機感から、日本の原発事故対応に全面的に協力したのではないか。そういう「冷徹な政治的な計算」も働いていたのではないかと「邪推」したのだ。

筆者はこれを藤崎に率直に聞いてみたが、藤崎の答えはこうだった。

「私は、アメリカ政府の政策の背景は、いくつかあると思います。一番は、やはり人道的な側面でしょう。同盟国であり友人である日本の人たちが、未曽有の大災害に遭って苦しんでいる。これを助けるのは当然のことではないかと。二番目は、自国民の保護です。アメリカ人自身が日本に数万人規模でいるわけですから、彼らを保護しなければならない。これも、当然のことだと。三番目は、やはり日米同盟です。日本にこれだけの米軍基地があるのだから、こうした災害時に、その基地や要員を同盟国の支援のために使わないということはあり得ない。四番目には、今、増田さんがおっしゃった原発の要因もあると思います。ただ、それが主要因ではない。やはり、今、申し上げた順序です。人道的側面がトップにあり、そして、米国民の安全を図らなければならないという責任と、日米同盟という観点があったのではないかと思います。その上で、原子力のことも、もちろん考慮にあったと思います」。

## なぜ日本政府は情報を渡さないのか

日本における巨大地震と大津波、原発事故の発生を受けて、アメリカ政府で外交政策を担当する国務省は、日本を支援するためのタスクフォースをただちに結成した。国務省のタスクフォースは総勢十五人ほどで、ホワイトハウスや国防総省、在日アメリカ軍、在日アメリカ大使館などとの連絡調整が主要な任務だった。福島第一原発事故に対応する必要から、エネルギー省や原子力規制委員会とも緊密に連携した。

タスクフォースは二十四時間態勢だったが、勤務態勢は三交代のシフト制が敷かれた。当時、国務省でアジア政策を統括していたカート・キャンベル次官補は、スタッフに長時間の勤務を強いると、疲労が蓄積し、判断ミスが起こりやすくなるリスクがあると考えていたという。このため、一日の勤務時間は通常通りと決められた。非常時にこそ、人員にゆとりをもたせようとするのは、アメリカの変わらぬ発想法である。アメリカ政府は、長年の危機管理の経験から、疲労した現場の要員が大きなミスを起こしやすいことを知っているのだ。

この国務省タスクフォースでコーディネーターとして、日本側との調整の任にあたっていたのがケビン・メアである。メアは当時、いわゆる「知日派」の外交官として、日米同盟に携わっていた政治家や官僚、ジャーナリストの間では、知られた存在だった。また、その率直な物言いから「歯に衣着せぬ外交官」とも言われていた。

メアは当時、五十六歳。アメリカ・サウスカロライナ州の出身で、ジョージア大学のロー・スクールを経て、弁護士となり、一九八一年、国務省に入省した。妻は日本人で、国務省では、いわゆる「ジャパン・サークル」として日本畑を歩み、日本で勤務した期間は十九年に及ぶ。在日アメリカ大使館の公使や安全保障部長を歴任し、二〇〇六年から三年間、沖縄総領事を務め、二〇〇九年には国務省日本部長に就任していた。

しかし、二〇一一年三月六日、共同通信社が、「アメリカ国務省のメア日本部長が国務省内で行った学生向けの講義で、沖縄について、日本政府に対する『ごまかしとゆすりの名人』と発言した」とする記事を配信した。メアは「悪意に満ちた歪曲記事だ」として、記事の内容を全面的に否定したが、東日本大震災発生前日の三月一〇日、日本部長を更迭されたのである。納得がいかないメアは、退職を決意したが、翌一一日、震災が発生した

ケビン・メア元米国務省日本部長

ことで、状況が一変した。

上司のドノバン筆頭次官補代理からは「しばらく国務省に残ってほしい。対日支援のタスクフォースを立ち上げる。君にはコーディネーターを頼みたい」と慰留された。メア自身も「国務省で自分ほど長く対日外交に携わった外交官はいない」という自負があった。

「その自分が、アメリカの助けを必要としている日本に背を向けていいはずはない。ましてや、自分は前日まで日本部長を務めていた男だ。日本との折衝は自分がやるしかないではないか」。

メアは退職を延期し、タスクフォースに参画した。

それから十二年。私たちは、福島第一原発事故当時の日米同盟の舞台裏に焦点をあてた番組を企画し、キーマンの一人と目されたメアにインタビューを依頼した。メアはこれを快諾し、二〇二三年四月、インタビューが実現した。インタビュアーは、NHKワシントン支局の辻浩平記者である。

メアはまず、国務省タスクフォースの目的について説明した。

「国務省が最も関心を持っていたのは、いかにして日本を支援できるか、私たちの同盟国を助けるにはどうすれば良いか、ということでした」。

「また、海外におけるアメリカ政府の最も重要な役割は、アメリカの市民の保護です。例えば、首都圏にはアメリカ人が大勢住んでいます。幸いなことに避難の必要はありませんでしたが、当時の試算では、関東平野にいるアメリカの軍人や市民を含む避難者の数は、おそらく十万人以上にのぼるだろうと言われていました。実際には、それほど多くの人を避難させることは、ほとんど不可能だったでしょう」。

「震災直後の限られた情報をもとに、当時、私たちが判断しようとしていたのは、アメリカ軍を含む在日アメリカ人にどれだけのリスクがあるかということでした。明らかに、それが私たちの大きな課題でした。しかし、タスクフォース全体としての課題は、アメリカ政府と民間のアメリカ人が、いかにして日本を支援し、助けることができるか、ということだったんです」。

しかし、タスクフォースの発足早々、不気味な情報が飛び込んできたとメアは言う。

「私は電話を受けました。その電話がいつかかってきたのか、ワシントン時間の三月一一日の何時だったか、正確には覚えていませんが、その日の午前中か午後の早い時間だったと思います。私の古い友人で、東京のアメリカ大使館で働いていた同僚からでした。日本側の誰かから在日アメリカ軍に電話があったということで、『東京電力が原子炉に真水を運ぶための水袋付きのヘリコプターの提供を要請している』という内容でした」。

「それを聞いてすぐに、私は同僚にこう言いました。『彼らが真水を必要としているということは、原子炉の真水がなくなったということだ』と。原子炉の水がなくなれば、メルトダウンが起きるので、これは本当に非常に深刻な状況です」。

「同僚は私にこう尋ねました。『なぜ彼らは真水を求めているんだい。海の近くにいるんだから、海水を使えばいいじゃないか』と。私は『海水、つまり、塩水を原子炉に入れれば、二度と原子炉を使えなくなるからだよ』と説明しました」。

「その情報に基づいて私が出した結論は、おそらく東京電力は、水をくみ上げるための電力を失い、そのために、原子炉に水を入れる能力も失ったということでした」。

メアがこの情報に接したのは、おそらく日本時間の三月一二日未明であろう。この時点では、アメリカ側に福島第一原発に関する確たる情報は入っていなかった。というより、日本政府自体も一号機のベントをめぐって状況が錯綜していた。

メアは戦慄した。この情報によれば、原子炉の冷却機能が失われているのは明らかだ。このままでは、高温で核燃料が溶けだしてしまう。メルトダウンが起きてしまうではないか。

「メルトダウンのリスクが非常に高くなっていて、しかも非常に急速に悪化する可能性がありました。原子炉で事故が発生した場合、一番重要なことは、原子炉を過熱させないことであり、唯一の解決法は水を入れることです。東京電力が真水を運ぶためにアメリカ軍の支援を求めていると聞いた時、その時点で、東電が、これが非常に深刻な事態であり、メルトダウンが起きるリアルなリスクがあることを理解していたのは明らかでした」。

しかし、これほどの重大な危機なのに、アメリカ側から見ると、日本の対応はあまりにも遅く感じられたという。

「原子炉に水がない場合、原子炉に水を入れることが最優先事項になります。ただ、それに数日間かかりました。そして、そのことはアメリカ政府内で増大するフラストレーションの原因の一つとなりました。給水タンク車と水をくみ上げるための発電機を持って、作業員が現場に到着するのに、なぜこれほど長い時間がかかるのかと。待てば待つほど、事態は悪化するのですから」。

福島第一原発事故では、その発生から数日間、情報が不足し、アメリカ政府は強いフラストレーションにさいなまれていた。日本政府から提供される情報がほとんど欠如していたことに、アメリカ政府内の少なからぬ人々が不満を抱いていたのである。

メアはＮＨＫのインタビューで、この時の状況を次のように振り返った。

「タスクフォースで働いていた時、私は同僚からたくさんの質問を受けました。とりわけ、よく受けた質問が『なぜ日本政府は私たちに情報を渡さないのか』というものでした。それに対して、事故発生から最初の数日間、私はこう答えていました。『彼らがアメリカに情報を隠しているとは思わない。彼ら自身が情報を持っていないのだ』」。

危機に際して政治指導者に情報が上がらない。

対日政策を担当するアメリカの外交官として、長年、日本の政治と行政に関わってきたメアは、この背景に、日本の官僚機構にはびこる「ある体質」が垣間見えると指摘する。

「私は長年にわたって、日本の官僚機構の問題点を目の当たりにしてきました。官僚機構全体にわたって、悪い情報や悪いニュースを上級者に報告したくないという体質があるのです。そして時には、上級レベルの者が、部下が悪いニュースを報告するのを望まないことすらあるのです。つまり、自分たちが責任を負いたくないからです」。

メアは、政府と東京電力の意思疎通にも問題があったとみている。

「最初の数日間、原子炉がどうなっているかを実際に把握しようとしていたのは、東京電力だけでした。東電だけが対応していました。東電と政府との間で十分なコミュニケーションが取れていなかったと思います。そして、それはすべてが東電のせいではなく、その一部は当時の政府のせいでした。非常に不健全な状況だったのです。菅政権の枝野官房長官は、毎日、記者会見していましたが、自分たちがよく理解していないことを話していました。話すべき情報はありませんでしたが、それでも話し続けていました」。

「つまり、混沌とした状況でした。もちろん、どのような政府であっても、混乱は生じたでしょう。あれは、未曽有の危機でしたからね。核の問題だけではなく、津波や地震もありました。そう、困難な時だったんです。しかし、ワシントンで、私が何度かそういう話をすると、上司からこう尋ねられました。『なぜ日本政府は、私たちを信頼して情報を提供してくれないのか』と。私はこう答えました。『いいえ。彼らは情報を隠しているわけではありません。彼らは情報を得るためのシステムを使えていないのです。厳しい状況ですから』」。

さらにメアは、当時の民主党政権に対する、極めて辛辣な言葉を口にした。

「私の見解ではありますが、基本的に、当時の統治者は無能でした。彼らは有能でなかったというだけでなく、ある意味、統治する方法を知らず、政府機関の使い方も知りませんでした。彼らには、キャリア官僚機構の使い方を知る必要がないというイデオロギーがあったからです。彼らは官僚機構と、非常に緊張した関係、対立関係にありました。だから危機が発生した時、うまくやれなかったんです」。

このメアの見解は、当時の菅政権を間近で取材していた筆者からみると、あまりに一方的で、政治的に偏った立場からの批判のように思える。ただ当時、アメリカの対日政策を実務レベルで仕切っていた人物が、このように考えていたという事実も記録に残しておくべきだと考え、あえて紹介することにした。

## 最も情報が集まるのは官邸だ

ワシントンの対日政策担当者たちが、日本から情報が入らないことにいら立ちを強めていた頃、東京の駐日アメリカ大使館、特に大使のジョン・ルースも、情報不足へのフラストレーションを強めていた。とりわけ、福島第一原発の状況がほとんどわからなかったことは、ルースのいら立ちと焦りを増幅させた。

こうした中で、震災発生から丸一日が経った三月一二日の夕方、衝撃的な映像がルースの目に飛び込んできた。福島第一原発の一号機から白煙があがっている。午後三時三十六分、一号機の原子炉建屋が水素爆発を起こしたのだ。

ルースはNHKのインタビューで次のように語っている。

「こうした事態の集積を報道していたメディアも、緊迫した状況になっていました。アメリカのCNNはトップニュースで、日本が混乱をきたし、メルトダウンへのカウントダウンが始まるといった内容を伝えていました。こうした状況で、私たちは問題に対処するために、冷静になり、必要な情報を入手し、かつ、状況に対する感情を抑制する必要がありました。あの最初の数日間はとてつもなく緊迫していたのです」。

当時、ルースが最も重視していたのは、日本政府から情報を入手することだった。

「私が興味深く思っていたのは、軍による『トモダチ作戦』がほぼ震災発生直後に開始されたことです。軍は何年にもわたって、日本側との意思疎通と協調のための体制を備えてきました。だから『トモダチ作戦』は非常に強力なスタートを切れたのです。私たちの任務が、軍と協力することなのは明らかでしたが、それに加えて、いくつかの理由から、できる限り多くの情報を入手することも重要でした。その第一の理由は、リソース（人材、物資）の供給です。地震から派生した様々な状況において、どのようなリソースが必要かを判断するために情報が必要でした。津波と原発危機もより重要な問題でした。ですから、それに関する情報が一番重要だったのです」。

「第二の理由は、アメリカ政府の誰もが、何が起きているかを理解できるようにし、決定を下せるようにすることでした。そのための情報が必要だったのです。大使館の特徴は、

米海軍原子力空母ロナルド・レーガン

他の政府機関と違って、日本側と非常に緊密な関係を持っていたことで、誰もがそれを知っていました。皆が、大使館の情報収集を期待をかけて見守り、それぞれの決定を下す際の参考にしようとしていました」。

日本に駐在している自分たち大使館こそが、率先して情報を集めなければならない。ルースには、こうした義務感にも似た自負があった。だからこそ、日本政府から十分な情報が得られないことに焦り、いら立ったのだ。

また、この頃、アメリカによる様々な対日支援が本格化しつつあった。

アメリカ軍は、地震と津波の被災者を救援するための「トモダチ作戦」を発動。海軍と海兵隊、空軍、陸軍が連携し、捜索救難、災害救助、人道支援活動を展開した。

米韓合同演習のため、西太平洋を航行中だった空母「ロナルド・レーガン」打撃群は、宮城県沖に展開し、三月一三日には、自衛隊と連携して支援活動を開始。艦載ヘリが救援物資を被災地に輸送したほか、自衛隊ヘリの洋上給油拠点としても利用された。

第七艦隊の旗艦である揚陸指揮艦「ブルー・リッジ」は、地震発生後、寄港先のシンガポールから急遽予定を変更し、救援物資を載せて日本に向かった。

マレーシアに寄港していた強襲揚陸艦「エセックス」は、第三十一海兵遠征部隊を乗せて東北地方に向かった。部隊は、船舶が流されて孤立していた宮城県気仙沼市の離島・大島に上陸し、救援物資の輸送や島内の瓦礫の撤去作業を行った。

この一連の「トモダチ作戦」には、ピーク時で、約二万四千五百人の将兵、二十四隻の艦艇、百八十九機の航空機が参加している。

一方、アメリカ原子力規制委員会・NRCは、先述したように、早々に技師二人を東京に派遣した。福島第一原発の事故を受けて、日本政府に専門的な助言を行うためである。

これに加えて、NRCは三月一六日までに十人の専門家チームを派遣した。

また、アメリカ国際開発庁・USAIDの主導で、災害援助対応チームが招集され、レスキュー隊など約百五十人がアメリカを出発。三月一三日午後には、青森県のアメリカ空軍三沢基地に到着した。このチームには、原子力の専門家も加わっていた。

これについて、ルースは次のように語っている。

「アメリカ政府は、危機的状況においてあらゆる問題に対応できるよう、医療、通信、放射線、捜索・救助の専門家を派遣しました。同様に、NRCの原子力専門家もチームに加えました。日本をできる限り支援するため、人材が全て投入されたのです。放射能と食品に関する懸念もあったので、食品の専門家も派遣され、最終的に大使館に集まった専門家の数は百五十人を超えました。ありとあらゆる専門家が日本を支援するために派遣されたのです。もちろん、彼らはワシントンの要人ともコミュニケーションを取っていました」。

日本を支援するため、東京の大使館に集まった様々な分野の専門家たち。

ルースは、なかでも原子力の専門家を重視し、できる限り早く日本政府と連携させたいと考えていた。福島第一原発をめぐる状況が深刻さを増していたからだ。

ルースの当時の心境はこうだ。

「私たちは、専門家が詳細な情報に基づいて判断を下すのを手助けしなければならない。では、原発事故に関する情報が最も多く集まるのはどこか。それは総理大臣官邸だろう。ならば、彼らを官邸に常駐させるのが、事故の収束に向けた最善の方法ではないか」。

この時の状況について、ルースはインタビューで次のように説明した。

「専門家が来た時、彼らにまず要請されたのが『私たちが現場を助け、状況に対処し、リソースやスタッフを供給し、かつ独自の判断が下せるように、最も正確な情報をリアルタイムで入手できる場所に案内してほしい』ということでした。当初、派遣された専門家たちは、福島の現場に行くことを望んでいましたが、『それは混乱をきたすし、危険だ』と言われました。それでは、あまり意味がありません。『では、彼らは東京電力にいるべきなのか』『どこにいるべきなのか』という議論になりました。そして最終的に『最も情報が集まるのは官邸だ』という結論になりました。そこで私たちは、『彼らが官邸にいることが、日本を支援するためのベストポジションではないか』と提案したのです。そういう経緯でした」。

おりしも、福島第一原発事故はさらなる悪化の兆候を見せていた。

三月一四日午前十一時一分、三号機の原子炉建屋でも水素爆発が発生したのだ。

「もっと情報が欲しい。正確で詳細な情報が」。

ルースの焦りと切迫感は強まっていく。

三月一四日午後十一時過ぎ、ついにルースは枝野官房長官に電話をかける。

そして、総理大臣官邸にＮＲＣの専門家を常駐させるよう「直談判」したのだ。

「日本の最高意思決定の場に、アメリカは介入するつもりなのか」。

ルースの異例ともいえる要求は、日本政府内に大きな波紋を呼ぶことになる。

## 彼ら自身、情報を持っていなかった

福島第一原発事故について、日本政府から十分な情報が提供されないことに、アメリカの政府関係者は、一様にフラストレーションを強めていた。

原子力規制委員会・NRCのグレゴリー・ヤツコ委員長は、次のように証言する。

「私たちは緊急オペレーションチームを結成し、アメリカで事故が起きた時と全く同じような対応を始めました。もちろん、最も重要なことのひとつは情報を入手することです。私の印象では、当初、情報の流れは不安定でした」。

「とにかく何が起きているのかを知ること自体が大変でした。それが本当に一番の問題だったんです。今から思うと、最初の八時間で一号機が受けた損傷は、取り返しのつかないものでした。炉心にもすでに大きなダメージがありました。しかし、リアルタイムで状況を把握することは、とても難しかったのです」。

ただ、ヤツコは、こうした事故当初の圧倒的な情報不足について、当時の日本政府や東京電力が置かれていた状況を鑑みると、やむを得なかった側面もあると、同情的な姿勢も見せている。

「情報の流れは不安定でしたが、それは悪意からではなく、単に非常に危機的な状況だったからです。この時もそうでしたが、こうした危機的な状況の下では、情報の入手やコミュニケーションは、常に困難なものなのです」。

「これらはすべて、地震と津波がインフラを破壊し、現場の作業を進めることが難しい中で起きたことです。放射能汚染が始まり、電力もなく、現場の作業は難航していました」。

「繰り返しになりますが、彼ら自身、情報を持っていませんでした。それが問題の一端だったんです。電力を失ったため、原子炉の機器は何も作動していませんでした。電源のバックアップもありませんでしたから、現場の職員は、一号機の制御室で、文字通り暗闇の中で、何の機器もない中で、作業をしていたんです」。

このように、日本から思うように情報が得られない中で、アメリカは、事故の規模を判断するために必要な、原発周辺の放射線量などのデータを得るため、独自の対応に踏み切っていた。在日アメリカ軍が運用していた無人偵察機「グローバルホーク」を福島第一原発の上空に飛ばし、空中の放射線濃度を測定したり、原子炉の写真を撮影するなどの情報収集活動を行ったのである。ヤツコは次のように証言する。

「間違いなく、アメリカ政府の飛行機が原子炉の上空で集めた、放射性物質の拡散に関する詳細なデータが、私たちが入手することができた最も有効な情報でした。あれが、原子炉で何が起きていたかを知る上で、私たちが初めて得た確かなデータだったんです。もちろん、原発の周辺でも放射線量を計測していましたが、何といっても、上空のデータが最良のものです。使用済み核燃料プールで何が起きているかについての議論も行い、その内容を東京のアメリカ大使館に伝えました。大使館は、日本政府の高官にもそれを伝えたはずです」。

では、ルース駐日大使が総理大臣官邸にＮＲＣの専門家を常駐させるよう、日本政府に要求した背景には、日米の意思疎通の円滑化を求めるＮＲＣの助言があったのだろうか。これについて、ヤツコは、次のように述べて明確に否定した。

「間違いないことですが、私は直接、そのような助言をしていません。もちろん、私たちのチームは大使館にいたのですが、私の理解では、あれは、こちらのスタッフを適切な場所に配置したいという大使自身の配慮からなされたと思っています。彼が判断する範疇の問題であって、私が判断する範疇ではありません。そもそも私たちが、スタッフを大使館に送り込んだ大きな目的は、大使のために働いてもらうこと、大使を最大限支援することでした」。

## 急がないと、状況が破滅的になる

福島第一原発事故当時、官房副長官だった福山哲郎は、前任が外務副大臣だったこともあり、アメリカ政府関係者のこうしたフラストレーションをじかに感じる立場にいた。福山は今回のインタビューで、事故直後の日米両政府間の意思疎通について、次のように説明している。

「まずは三月一三日の夜に、当時の事務方の官房副長官補と原子力安全・保安院の幹部が、事故の概況について、アメリカのエネルギー省と原子力規制委員会の専門家に説明をしています。これが、たぶん対面での最初の情報交換です。それまでも、電話での状況のやり取りは、おそらく外務省、防衛省、経産省のそれぞれで継続的にやっていたと思います」。

「一四日の夜には、私自身が、官邸の副長官執務室でアメリカのNRCの専門家と面会しました。その時には、原子力安全委員会の班目委員長と保安院の根井審議官が同席をされて、原発の状況についてのその時の認識をお伝えしました」。

「さらには、一五日の午前中にも、やはり説明を求められました。その時には、経産省の安井部長も同席して、アメリカの専門家に今の日本政府が認識している原子炉の状況について説明しました」。

原子力安全委員会の班目春樹委員長や経済産業省の安井正也部長は、当時、菅総理大臣に事故の推移を直接、説明する立場にあった。福山としては、総理大臣への説明と同じ内容をNRCの専門家に聞いてもらえれば、日米間の意思疎通が深まるのではないかと考えたのである。ところが、なかなかそうはならなかった。福山は、一連の会議の様子を次のように描写する。

「アメリカ側はこちら側の説明を丁寧に聞いてメモをされるんですが、アメリカ側の見解については、なかなか説明してくれないんですね。日本側は『これが今の日本の政府の持っている原子炉の状況の推察・推定です。こういう状況だと思います。東電からこういう報告を受けています』という形で伝えるんですが、相手側は『アメリカはこう思っている』ということは言わないでメモだけ取るんです」。

「私は『何も隠していない』ということを何度も伝えたし、『総理に説明している内容と同じことを伝えている』と言っても、アメリカの専門家からは、何も言及がないんですね。それで私が『アメリカは今どう考えているのか。アメリカの知見、認識をお聞きしたい』と言っても、『いや、私たちは、今はその立場ではないので、日本の状況だけをまずはお聞きしに来ました』と言って持ち帰られたわけです」。

福島第一原発事故をめぐる日米両政府間の協議は、福山の証言によれば、当初は、情報のキャッチボールとはならなかった。日本側からアメリカ側への一方通行だったというのである。なぜなのか。福山は、その背景には、原子炉が冷却できず、高温のため炉内の核燃料が溶け落ちる、メルトダウンがすでに起きているかどうかをめぐって、日米間に認識の差があったことが影響していたのではないかと考えている。

「今から思えば、当時、アメリカが本国と大使館、もしくはエネルギー省や原子力規制委員会で議論している原子炉の認識と、いわゆるメルトダウンをしているか、していないかということに関して、日本側と相当ズレがあったんだと思います。『アメリカはメルトダウンはしているだろうと思っているのに、なぜ日本はそのことを言わないんだ、もしくは認めないんだ』ということです。『日本はアメリカに何か隠しているんじゃないか』と、アメリカ側に受け取られたとしても、仕方ない状況だったかもしれません」。

ただ、NRCの専門家は、その場で福山にそのことを質すことはしなかったという。

「そこまでの権限がある人が来たかどうかもわからないんですけれど、私とその専門家との最初のやり取りでは、そういう場面はなかったです。『まずは状況を把握しろ』と言われて官邸に来て、『アメリカ側の認識と違うな』と思いながら、大使館の方に報告に

福山哲郎元官房副長官

戻ったのではないかなと思います」。

メルトダウンをめぐる認識のズレが、日米間の当初のミスコミュニケーションにつながっていた。では、なぜ日本政府はメルトダウンを認めようとしなかったのか。私の質問に対して、福山はこう説明した。

筆者「メルトダウンについて、日本政府はなかなか認めようとしませんでしたね」。

福山「東京電力ですね。我々が認めないというよりも。我々が東京電力側に『メルトダウンしているんじゃないのか』とか『もう危険な状況なんじゃないか』と言っても、『いや、今はこうなってますから大丈夫です』という話が圧倒的に多かったんです。東電側が認めないものを、政府が発表することは到底できません。我々自身も、東電や保安院、原子力安全委員会から聞いている話と、アメリカ側の認識と、少しずれはあるなと思いながらも、東電、保安院、原子力安全委員会がそう言っているなかで、我々が『違うだろう』と言うわけにはいきません。我々は原子力の専門家でもないわけですから。そういう状況が続いたということです」。

筆者「官邸の中枢にいた政治家の方々も、東電はそう言うものの、メルトダウンの可能性はもしかしたらあるんじゃないかという懸念は、持っていたのですか」。

福山「持っていました。それは、初日からありました。メルトダウンの恐れがあるというのは、私のノートにもメモがありますけれど、もうそういう認識はあったんです。しかし、東電側が認めていないのに、こちらが勝手に言うわけにはいきません。それで、東電や保安院、原子力安全委員会の見解、『今はこういう状況です』ということを、アメリカ側にも伝えました。我々に東電側から伝えられていることと同じことを、アメリカ側に伝えているというのが、その時の状況です」。

筆者「今考えると、そこが日米間のミスコミュニケーションの始まりだったのかもしれませんね」。

福山「それはあったと思いますね。アメリカ側に『本当に日本はアメリカに事実を伝えているのか』という懸念が広がったことは、その後、明確にわかるようになりました」。

こうした中で、日本時間の三月一四日夜、福山はアメリカ国務省のカート・キャンベル次官補と電話会談を行った。

キャンベルは当時、五十三歳。海軍士官から国防総省入りし、一九九〇年代のビル・クリントン政権時代にアジア・太平洋担当の国防次官補代理を務めた。この間、沖縄の普天間基地の返還交渉など対日政策に深く関わり、以来、アメリカ民主党を代表する「知日派」として知られるようになる。二〇〇九年にバラク・オバマ政権が発足すると、東アジア・太平洋担当の国務次官補に就任。東日本大震災の発災時には、事実上、対日政策の責任者といえる立場にあった。外務副大臣を務めた福山とは旧知の仲である。

ちなみに、私たちは今回の番組制作にあたって、当時のアメリカ政府のキーマンであるキャンベルにインタビューを申し込んだ。

ただ、キャンベルは二〇二三年現在、ジョー・バイデン政権で、ホワイトハウス国家安全保障会議・インド太平洋調整官の要職にある。現役の政府高官という立場もあってか、私たちのインタビュー依頼に応じることはなかった。

さて、話を戻すと、そのキャンベルは、福山との電話会談でどんな言葉を発したのか。

これについて、福山は次のように話している。

「キャンベル国務次官補と私は旧知の仲だったので、私には直接、物事を言いやすかったのかもしれません。一四日の夜には、もちろん、お見舞いと『大変でしょう』というねぎらいの言葉がありました。一方で、『アメリカは協力を惜しむつもりはないので、具体的に何が必要なのかということと、今の原子炉の状況については、正確な情報をアメリカ側に知らせてほしい』という要望が、ずいぶんありました」。

「また、キャンベル次官補からは、『急がないと状況が破滅的になるかもしれない、危機的な状況を招くぞ』というサジェスチョンがありました。ですから、アメリカ側の認識と、日本側、特に東電側の『原子炉の制御が一定程度、できている』という認識とは、大きな齟齬があるということを、その時、私も明確に認識しました。アメリカの危機感というのは、そこにあるんだろうということも、私はかなり強く感じました」。

カート・キャンベル元米国務次官補

「急がないと、状況が破滅的になる」。

ドラマチックな物言いが多いとされるキャンベルだが、それにしても、暴走を続ける原子炉と、それを制御できない日本に対する強烈な危機感を表す言葉だった。

そして、このアメリカの強烈な危機感は、日本の総理大臣官邸にＮＲＣの専門家を常駐させてほしいという申し出として、具体的に表れる。

実は、アメリカ側は、三月一三日の段階で、水面下で日本側にこの案を打診していた。

翌一四日の福山とキャンベルの電話会談でも、この案が話題になり、福山は「日本政府として検討中だ」と、キャンベルに伝えたという。

福山はこの時に感じたことを、次のように語っている。

「アメリカの認識と日本側からの報告にずれがある。情報の齟齬がある。官邸にアメリカのスタッフが常駐していないと、本当の情報が取れないかもしれない。そういう懸念というか危機意識が、アメリカの中に急速に広がっていたような気がします」。

## 主権国家として、さすがにそれは難しい

福山官房副長官とキャンベル国務次官補の電話会談からまもない三月一四日午後十一時過ぎ、ついにルース駐日大使は、枝野官房長官に電話をかけた。先述したように、アメリカの専門家の官邸常駐を実現させるための「直談判」だった。

ルースは枝野に「これはオバマ大統領の指示に基づく」と明言した上で、「アメリカの原子力の専門家を日本の意思決定の場に常駐させることが重要だ」と申し入れたという。

しかし、枝野はルースの要求をただちには受け入れず、回答を留保した。アメリカが、原発事故をめぐる日本の政策決定に介入しようとしていると受け止めたからだ。日本が主権国家である以上、いかに同盟国とはいえ、その要求はのめない。

この時のやり取りについて、福山はＮＨＫのインタビューで次のように説明している。

「ルース大使は『お互いが官僚的な対応をしている。特に日本は官僚的な対応をしていて、情報に齟齬が生じている。アメリカ政府としては、もっと協力したいので、そのためにも、正確な情報がほしい。だから、官邸にスタッフを派遣するので、常駐させてくれ』という話でした。ところが、我々は『意思決定の場にアメリカのスタッフを常駐させろ』というふうに受け取ったこともあって、『主権国家として、さすがにそれは難しい』という話を、枝野官房長官と総理と私の三人でしたわけです」。

「ただ、アメリカ側にそう回答すると、『そんなことはないんです。事実を知りたいだけなので、意思決定の場というより情報が来るところに常駐させてほしい』ということでした。つまり、この『常駐させてほしい』というメッセージについても、最初はお互いの認識に若干の齟齬があったと思います」。

実際、この時のルースの真意はどこにあったのか。今回のインタビューで、当のルースに直接、それを質したところ、ルースは次のように説明した。

「これは重要なポイントですが、アメリカ側からすると、我々は常にサポートする立場にあると自覚しており、いかに支援し、そのために何ができるか、我々の保持する多大なリソースを最も効率的に使うにはどうすればよいか、といったことを課題にしていました。そのためには、リアルタイムの情報を入手する必要があり、それが我々の目標であり、存在意義だったのです。目的が達成できれば、官邸でも、東京電力でも、あるいは最初に考えていた事故現場など、どこに専門家を配属しても良かったのです。官邸に議論が集中しがちですが、実は現場こそ最もリアルタイムに情報を得られる場所であったと、我々のスタッフは信じていました」。

「当時は知らなかったのですが、後に『日本が主権国家としての立場を心配していた』ということを知りました。はっきり言って、私たちには、危機を回避するために日本を助けること以外に、何の目的もありませんでした。私たちの親しい同盟国、友好国がこのような信じがたい悲劇的危機に直面していたのです。どうやって支援するかというのが、我々の使命の全てでした。実際、立ち入りすぎないように気をつけていましたし、いつも日本のリードに従うようにしていました」。

ジョン・ルース元米国駐日大使

「私が本当に伝えたかったのは『我々を使ってくれ、私たちにできるベストは何か、支援できる最善の方法を教えて欲しい』ということでした。そして『支援するためには、私たちも情報が必要ですよ』と。もうひとつ、興味深かったのは、日本在住のアメリカ市民だけではなく、日本に駐留する他国の大使館とコミュニケーションを取るためにも、情報が必要だったということです。全ての国ではありませんでしたが、その多くは、アメリカのリーダーシップを求めており、私たちも『大丈夫、今の状況はこうです。もう少しの辛抱ですよ』と伝えられるようなパイプ役になりたかったのです」。

当時の日本政府の首脳は、アメリカが原発事故をめぐる政策決定への関与を求めてきたと受け止めたが、ルースはＮＨＫのインタビューで、これを否定し、あくまで対日支援を円滑化・効率化するための情報共有が目的だったと説明した。

確かに日本側の誤解だったのかもしれない。もしかしたら、ルースの焦りが、その物言いを激しいものにし、それが日本政府の要人を警戒させたのかもしれない。

いずれにせよ、この問題が事故当初の同盟の摩擦要因になったことは否めない。

結局、日本政府は、官邸内の連絡室にＮＲＣの専門家の常駐を認めると回答し、問題は決着した。その経緯を福山は次のように説明する。

「東電からの情報が非常に断片的で、かつ官邸にきちんと上がってくるシステムがなかったものですから、官邸の中に、福島の原発の状況について、東電がきちんと報告してくる連絡室を作ったんですね。そこに、アメリカのスタッフに入ってもらうことにしました。そこは情報を共有する場ですから、そこの情報をアメリカのスタッフに共有していただく分には、我々は全く構わないので。その情報をもとに、総理、経産大臣を中心に次の意思決定を行うわけですけども、そのための一次的な情報が流れてくる官邸の連絡室に、アメリカのスタッフに常駐していただくことにしました」。
「今、日本がアメリカに情報を正確に伝えていないのではないかと思われているが、そこにいれば、少なくともファクトは入ってくる。その後の意思決定のところに入ってもらうわけにはいかないけれど、ファクトを伝える分には、全然問題ないのではないかと」。
「総理、官房長官、私の三人で、そのように話し合った上で、ルース大使に『それで構いませんか』と言ったら、『それで大歓迎だ、それでいいんだ』ということでしたので、すぐにアメリカのスタッフに連絡室に常駐していただくことになりました」。

アメリカは、最終的に日本の回答に納得したという。ただ、原子力専門家の官邸常駐をめぐる日米間の行き違い、互いの真意の読み違えは、事故対応の初動の数日間に日米間で生まれた「不信の構造」を象徴するものだった。キャンベルやルースらと議論を重ねた福山は、次のように実感したという。

「アメリカはスリーマイル原発の事故も経験していますし、核兵器を所有していることも含めて、核テロの対策もしています。アメリカの知見をこの原発事故で活用するというか、協力していただくことについては、抵抗があったわけではありません。ましてや日本に滞在するアメリカ人がこの原発事故で命と暮らしの危機にさらされたわけですし、アメリカ人の生存を守るのはアメリカ大使館の最大の任務です。そのことを遂行するために、情報がほしいというのは、僕は理解していましたので、そこについての抵抗もありませんでした。ただ、意思決定の場なのか、官邸で情報を扱うところでいいのか、というところについて言うと、少しずれがありました。後になれば、『意思決定の場というつもりはなかった』と、ルース大使も言われていますが、そこで少し、アメリカ側のメッセージと日本側の受け止め方が、お互いにずれていたというのが、最初のところだったのではないかなと思います」。

## 日本は官僚主義的だ

福山は、アメリカ側が情報収集に苦労した背景には、日本の官僚機構が抱える「宿痾」ともいえる問題、いわゆる「縦割り行政」の弊害もあったのではないかと考えている。

福山が当時の出来事を書き残したメモ「福山ノート」には、ルース駐日大使が日本側の

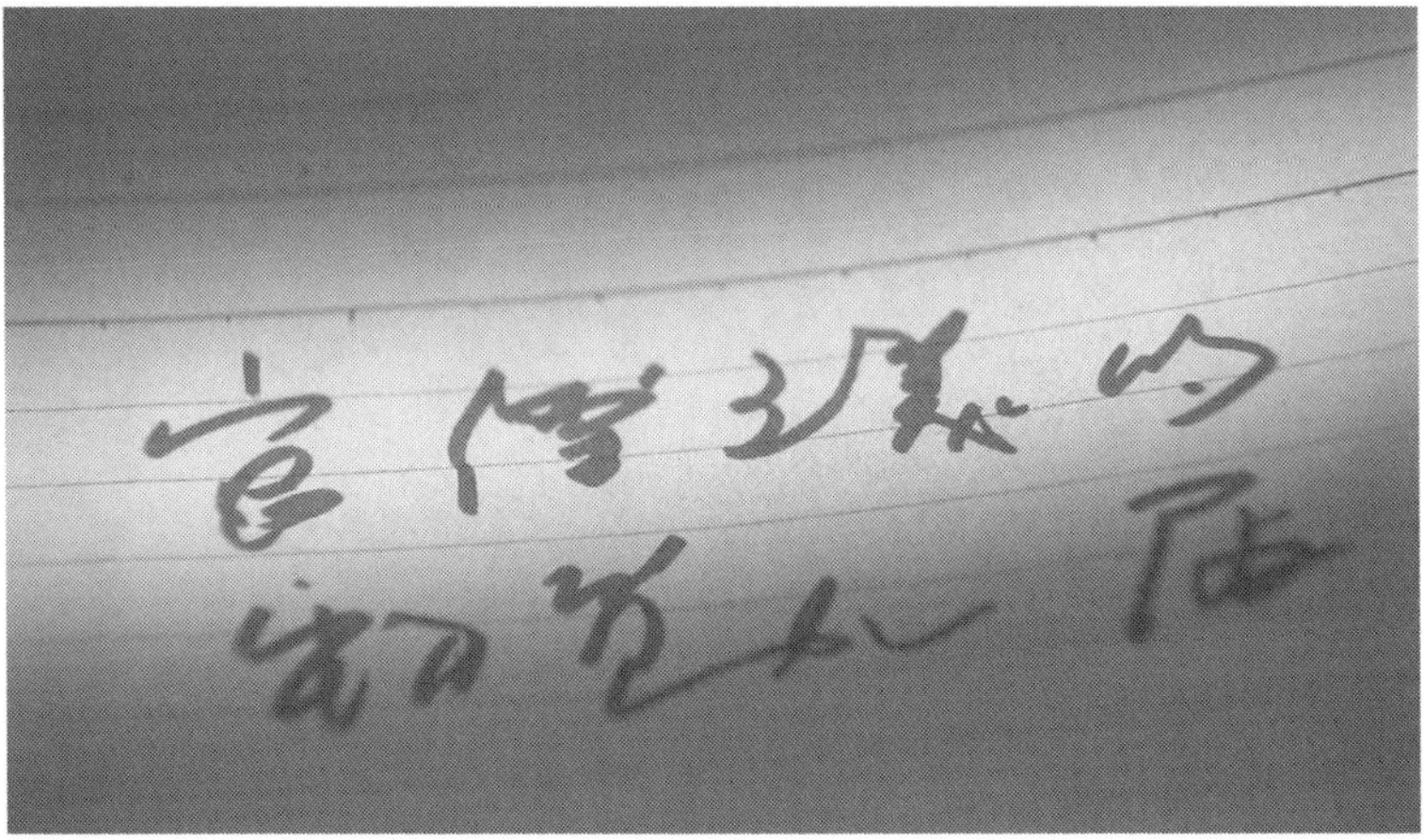
福山ノート　「官僚主義的」と記されている

対応について、繰り返し、「官僚主義的だ」と批判していたことが記されている。

「それはもう、当時の電話会談でも、ルース大使から『官僚主義的』という言葉が何度も出てくるんですね。つまり、日本は縦割りで、各省庁が全部ばらばらに情報を持っていると。お互いに横断的な情報のやり取りをしてないので、アメリカの大使館がそれぞれの省庁の担当に話を聞くと、全然違う答えが返ってくると。官邸に行っても、メルトダウンしてるんじゃないかというアメリカの認識とは違う認識を、官邸の高官が言っていると。一体どうなってるんだといういらだちがルース大使にあったのは容易に想像できますし、逆に言えば、大変、ご面倒をおかけしたと思います。そういう状況でのやり取りが、やはり最初の五日間ぐらい続いたということだと思います」。

原発事故の情報共有のあり方をめぐって、ルースと議論を重ねた福山。だからこそ、福山は、当時のルースのいらだちと焦りがよく理解できるという。

「ルース大使の責任で、日本にいるアメリカ人の方々の避難、もしくは出国を判断しなければいけないわけです。ひとつ情報を間違えて、早めに出国の指示を出したり、出国の指示が遅れて、アメリカ人に放射能の大量被ばくのような状況が起これば、それはルース大使の責任になるわけですから、ルース大使の、何というか、緊張感、緊迫感は、並大抵のものではなかったと思います」。

アメリカ側で、当時の日本政府の「官僚主義的な」対応に苛立ちを募らせていたのは、もちろん、ルースだけではなかった。

福島第一原発事故の発生直後、国務省の対日支援タスクフォースで日本側との調整の任にあたっていたケビン・メアは、今回のＮＨＫのインタビューで、日本の「官僚主義」を象徴する、あるエピソードを披露してくれた。

「私たちは、何か役に立ちそうなオファーがあれば、大使館を通して、それを日本側に渡します。しかし、回答が得られなかったこともあれば、たくさんの質問が返ってきたこともありました。一つの例は、まだプロトタイプだったのですが、すでに飛行実績がある遠隔操縦のヘリコプターです。ロッキード製だったと思います。『これは利用可能で、役に立つと思います。もし日本が望むなら、すぐに送ることができます』と、タスクフォースに連絡がありました。それで、日本にその旨を申し出たところ、破損した場合の保険は誰がカバーするのか、送料は誰が負担するのかなど、三十もの質問のリストが返ってきました。必要な質問かもしれませんが、アメリカの視点では、その種の質問は後で考えます」。

「私たちとしては、まず役に立つかどうかを教えて欲しいのです。役に立つというなら、出荷を開始します。届くまでに時間がかかるからです。誰が費用を支払うのかなど、その種の質問には、すべて後で答えます。それがアメリカ的な反応です。そういうフラストレーションがありました」。
「日本の官僚は伝統的に、何かについて決定を下す前に、考えられるすべての質問への回答を得ることを好みますよね。タスクフォースでは『日本政府は、現在、危機が進行していることを理解していないのか?』と話していました」。

国際政治、とりわけ核軍縮や軍備管理を専門とする一橋大学の秋山信将教授は、二〇一一年九月に設立された「福島原発事故独立検証委員会」=「民間事故調」のメンバーで、原発事故を日米同盟の視点から考察する論文も著している。
今回、NHKのインタビューに応じた秋山教授は、日米間にあった、危機における考え方の違いについて指摘する。

「アメリカは、何が使えるのか使えないのかということが、本当にわからないので、とにかく使えそうなものを提供しようという考えだったと思うんですね。一方で、日本の場合は、どういうものが必要か、まずニーズを確定してから、それに合ったものを現場に送り込もうという考え方だった」。

「原発事故というのは、これまで誰も経験したことがなかったので、どんなものが使えるかというのは、本当に手探り状態だった。本来であれば、使えそうなものは何でも現地に集めて、手当たり次第やってみるということがあっても、良かったかなと思うんですけれど」。

「アメリカ側の支援品目リストというのは『こんなものがあるけれども、使えるかどうか検討してくれ』というものでしたが、日本側は、通常モードから抜けきれていなかった。例えば、アメリカから来た物資、資機材が故障した時には、補償はどうなるかとか、あるいは、支援に来てくれた方が事故を起こした場合の補償はどうなるかとか。そうした周辺の法的な問題に気を取られ過ぎて、中核となる問題にどうアプローチするかというところになかなかたどりつかなかった。どんな支援を受け入れるかについて、決定をできなかった。危機対応モードと平時モードの切り替えがうまくいかなかったということです。たぶん、そうしたコミュニケーションの問題が起きて、アメリカはとにかくサポートしたいんだけれども、サポートされる側がその気にならないという、そういう状況が生まれたんだろうと思います」。

# 第三章

## DAY5　運命の日

## もうダメかもしれない

二〇一一年三月一四日から一五日にかけて、福島第一原発の事故は、最も緊迫した局面を迎えた。

一四日午前十一時一分、総理大臣補佐官の寺田学は、総理大臣秘書官室の自席にいた。隣の総理大臣執務室では、菅直人総理大臣が、公明党の山口那津男代表と会談していた。その時、隣の秘書官付室から「ああ！」と声があがり、若手職員が飛び込んできた。

「爆発！　４チャンネルです！」。

急いで、テレビのチャンネルを切り替えると、一昨日と同様に爆発の映像が流れていた。

「総理に伝えければならない」。寺田は執務室に向かった。「現在、政務案件中です」と政務秘書官に止められたが、構わず中に入って、報告した。

「失礼します。総理、爆発です」。

執務室のテレビを爆発の映像に切り替えると、大きな噴煙が空高く舞い上がっていた。噴煙の色は黒かった。この時、爆発が起きたのは三号機。一昨日の一号機の爆発映像とは明らかに違っていた。寺田が聞いた菅の第一声はこうだった。

「黒いよな。これ……」。

「黒い」という言葉が指す意味は、一昨日の一号機の爆発のような建屋（外側）の爆発ではなく、格納容器（内側）からの爆発ではないかということだった。チェルノブイリのような原子炉内部からの爆発ではないかと、その時、誰もがそう思ったのだ。菅と山口代表の党首会談は、即時中止となり、情報収集が命じられた。寺田はこう語る。

「詳細な情報が届くまでの間は、胃が痛くなるような緊張感でした。本当に原子炉内部からの爆発であれば、その後の日本は……なかったのですから」。

その後しばらくして、「格納容器に大きな損傷はない」「原子炉の圧力計などを調べたところ、この爆発は格納容器の爆発ではなく、一号機と同様の建屋の水素爆発だと判明した」との連絡が入ってきた。チェルノブイリの悪夢が脳裏をよぎっていた寺田は、ひとまず安堵する。

ただ、三号機の水素爆発は予想されていたことでもあった。一号機で起きたことは、どの号機でも起こり得るからだ。建屋の中に充満している水素を外部に放出できれば良いのだが、その手段がなかった。屋根に穴を開けるにしても、その際に火花が起きれば、たちまち引火して大爆発が起きる。そのような作業をする生身の人間のことを思うと、相当なリスクだ。東京電力も、原子炉の設計に関わっていた東芝も日立も、次善の手段を考えていたというが、その先手を打つかのような爆発だった。

ここから、総理大臣応接室に原子力安全・保安院や原子力安全委員会、東電の関係者が常駐し、原子炉内部の計器の数値が次々と報告されるようになった。ただ、その報告内容は刻々と悪化していき、やがて二号機に深刻な問題が発生したことが判明する。午後一時二十五分に、水を循環させて原子炉を冷やす機能が失われた結果、格納容器の内側にある圧力容器内の圧力が急上昇したというのだ。このままいけば、圧力容器ごと爆発する可能性がある。とにかく、容器内の圧力を抜かなければならない。そのためには、ベントをしなければならないが、ここでまたも、予期せぬ事態が起きた。ベント弁が開かないというのだ。寺田は、この時の緊迫した状況を次のように証言する。

「『ベント弁は一つだけじゃないので大丈夫です』と、自信満々に説明していた東電関係者が狼狽していました。『どのベント弁も開かない』というのです。そのうち『二号機の圧力容器は設計圧力を超えています』という報告がありました。息をのみました。原子炉の設計当初に想定していた限界圧力を遥かに超えている、パンパンの状態だ、というのですから。もう、いつ爆発してもおかしくないという状況でした。その上で『圧力が高過ぎて冷却水が注入できず、核燃料がむき出しになっている可能性がある』という報告を受けました。とうとうメルトダウンの可能性が明示的に報告され始めたんです」。

メルトダウンと原発の爆発。その現実味が目の前にあった。すべきことは明確だった。二号機内部の圧力を抜き、核燃料を水で冷やすのだ。だが、それが実行できない。

一四日夕方、福島第一原発の吉田昌郎所長から細野豪志総理大臣補佐官に電話がかかってきた。「水が入らない。もうダメかもしれない」との内容だったという。

寺田はこう振り返る。

「気丈な吉田さんが見せた、唯一の弱音だったかもしれません」。

この電話の内容は、ただちに細野から総理大臣の菅にも報告された。

菅はこの時の心境を次のように語る。

「私は言葉が出ませんでした。吉田所長がそう漏らすからには、かなり危機的な状況なのであろうと判断するしかありませんでした」。

総理大臣官邸は重い空気に包まれていた。

## 疑心暗鬼が渦巻いていた

三月一四日午後八時頃、寺田は、官房長官の枝野幸男の様子を伺いに、長官室に足を運

海江田万里経済産業大臣（当時）

んだ。扉を開けると、枝野と海江田万里経済産業大臣が二人で話をしていた。「失礼しました」と部屋を出ようとすると、「入っていいよ」と言われたので、着席した。寺田が現状を報告していると、まもなく経済産業大臣秘書官が入ってきた。

「大臣、東電の清水社長からお電話です」。

「いーよ。もう出ない。さっき断ったんだから」。

なんと、海江田は電話の取次ぎを拒否した。寺田はたまらず口をはさんだ。

「何のお電話だったんですか」。

「なす術ないから、現場から撤退したいって話。それはダメだと、すでに断った」。

枝野も口をはさんだ。

「俺にも来たよ。その電話。もちろん断ったけど」。

撤退？　初めて聞いた寺田は、驚愕した。現場から東電が撤退したら、誰が暴れ狂う原発を抑え込むのか。これは、看過できない。

「そのような重大な話なら、電話に出ないのはお止めください。電話に出て、しっかり断ってください」。

寺田がそう頼み込むと、海江田は「そうだな」と言って席を立ち、電話を受け取った。

そのころ、官邸内部は不穏な空気に包まれていた。

実際、午後六時二十二分には、二号機の水位がマイナス三七〇〇ミリとなり、核燃料棒全体が露出していたのである。ＮＨＫが夕方のニュースで「二号機への注水ができなくなり、原子炉内の核燃料棒が露出しつつある」と報道していたこともあり、いよいよ深刻な状況になっていることは、誰の目にも明らかだった。寺田はこう証言する。

「普段は凛々しいSPの方々も、さすがにそわそわしているようでした。私たちの会話を通じて、何が起きているかを把握しているようでした。たくさんの人が慌ただしく動き回っていました。私たちは総理応接室で、二号機の進捗状況の報告を今か今かと待ちました」。

やがて吉報が入った。原子炉内部の圧力が低下し始めたという。

また、一時は弱気になっていた吉田所長から「まだ頑張れる」という電話が、細野のもとにかかってきていた。二号機に注水するための消防車が稼働できなくなっていた理由がガソリン切れだとわかり、大至急でガソリンを補給した結果、消防車が再び稼働し、水が入るようになったという報告だった。細野がこの電話を受けた時、そばにいた菅は、電話を代わってもらい、吉田から「まだやれます」という決意を、直接、聞いたという。

爆発寸前だった二号機の圧力が低下し、ついに注水も再開された。寺田はこう言う。

「いったんは官邸内に安堵の空気が流れました。ただ、官邸に詰めていた経産省の技官は、こう警告しました。『今回は何とかピンチを切り抜けたが、これから同じようなことが起き続ける。いずれベント弁が今度こそ開かなくなる時が来るかもしれない』と」。

しかも、なぜか東京電力本店は、注水再開を発表しようとしなかった。

「撤退の話が突如、持ち上がったことで、政府の東電への不信感は高まりました。しかも、東電本店は、二号機への注水再開をリアルタイムで発表しようとしない。危機的状況から脱していないので、注水に言及しようとしないのではないか。やはり撤退を考えていて、まもなく発表するつもりではないか。疑心暗鬼が渦巻いていました」。

## 撤退なんてあり得ない！

東電は、本当に現場から撤退するつもりなのか。夜が更けていくにつれ、政権幹部の間では、疑念と懸念が増していった。

三月一四日深夜、総理大臣執務室隣の応接室に、海江田経済産業大臣、枝野官房長官、福山官房副長官、細野、寺田の両総理大臣補佐官ら政権幹部と、原子力安全委員会、原子力安全・保安院の関係者が集まった。そして、一五日未明にかけて、この事態にどう対処すべきか、議論を繰り広げた。

寺田はその時、こう考えていた。


「さきほど東電からあった撤退の申し出を断ることは当然だろう。ただ、我々は、今後起こり得る深刻な事態に対して、政治的にどう決断するかを迫られている。つまり、現場で働いている方々の命が極めて危険な状態になることを承知の上で、事故を収束させるために彼らに働いてもらうことを、政治が強制できるのか、ということだ。大多数の国民の生活を守るために、少数の国民に犠牲を強いることに他ならないのではないか」。

民間企業の東京電力が民間人である社員の命を最優先して撤退を真剣に検討するのであれば、政府はそれを拒否できるのか。寺田が考えていたのは、そんな究極の問いだった。

一方、福山はその時の議論の様子を次のように描写した。

「経産省の技官が一号機から三号機の絵をホワイトボードに描き、どれほど危険な状況かを説明しました。このままでは原子炉が爆発する恐れがあるという認識が共有され、作業員の命を考えると『撤退やむなし』という雰囲気が漂い始めました。だが、そうなれば被害は格段に広がります。『このまま流されるように撤退を認めていいのか』。私は迷いました」。

そして、ついに福山はこう言った。

「現在の状況を踏まえ、総理にご判断いただくべきだ」。

最高責任者に最後の決断をしてもらう時が来たのだ。執務室の奥のソファーで仮眠を取っている菅総理大臣を起こし、政権幹部による緊急会議を開くことになった。後に関係者から「御前会議」と呼ばれるようになる、重要会議だった。

応接室のテーブルは、書類やウーロン茶のペットボトル、コーヒーカップやたばこの吸い殻が散乱していたが、寺田は、それらをすべてきれいに片づけた。人の命に関わる重大な決断をすることになる場だ。できるだけきれいにしておきたかった。

実際に「御前会議」が始まるのは一五日の午前三時二十分頃だったが、会議が開かれるまでの間、枝野、福山、細野、寺田、そして、伊藤哲朗内閣危機管理監が、執務室で菅を囲んだ。そして、東電から撤退の申し出があったことを報告する。

聞くなり、菅は一喝した。

「撤退するって、それじゃあ原発はどうするんだ！」。

「自分たちでコントロールできないから、他国に処理をお願いするなんてことになったら、日本はもう国としての体をなしていない！」。

菅は、その場で福島第一原発の吉田昌郎所長に電話した。

菅「撤退という話があるが、まだできるか？」。

吉田「まだできます」。

応接室に「御前会議」の招集メンバーが続々と集まってきた。総理大臣、経済産業大臣、防災担当大臣、正副官房長官、総理大臣補佐官、内閣危機管理監、原子力安全委員長、原子力安全・保安院幹部ら十数人だった。会議の冒頭、枝野から説明があった。

「現在、原発の状況が相当、深刻な状態にある。それに加え、東電から現場を撤退したいという申し出もあった。官邸側として撤退を認めていないものの、これから事態が一層、深刻化した場合、どのような判断を取るか、決めていきたい」。

一瞬の沈黙の後、菅は強い口調でこう言った。

「撤退なんてあり得ない。撤退を認めたら、この国はどうなるんだ！」。

そして、臨席していた専門家を一人ずつ指差して、こう問いただしていく。

菅直人総理大臣（当時）

「お前はどうなんだ！」。

威圧的な口調だった。聞かれた全員が「撤退はあり得ません」と答える。

続けて、菅はこう宣言した。

「今から東電に行って、政府と東電の統合対策本部を作る」。

「東電の清水社長を官邸に呼べ」。

この指示をもって「御前会議」は終了した。

## これから統合対策本部を作る

一方、この「御前会議」の主役である菅自身は、これをどのように記憶しているのか。

菅の証言はこうだ。

「三月一五日午前三時頃、執務室の奥のソファーで仮眠を取っていたところ、秘書官に起こされました。海江田大臣が来ていると。私はすぐに起きて、執務室に入りました。海江田大臣をはじめ、枝野官房長官、福山副長官、細野補佐官、寺田補佐官たちがいたと記憶しています。重苦しい雰囲気でした。震災後はずっと重苦しかったんですが、この時が最も沈鬱な空気が流れていました」。

「海江田大臣から『東電が撤退を申し入れてきていますが、どうしましょう。原発は非常に厳しい状況にあります』と告げられました」。

「私はこう答えました。『撤退したらどうなるか、わかって言っているのか。一号機、二号機、三号機、全部やられるぞ。燃料プールだってあるんだ。そのままにして撤退したら、福島、東北だけじゃない、東日本全体がやられるぞ。厳しいが、やってもらうしかない』」。

菅はこの時、このまま事故が収束しなければ、首都圏まで避難区域が拡大し、そうなった場合は、日本という国家の存続が危うくなると認識していた。何としても収束させなければならないが、そのためには、人命の損失も覚悟しなければならないと考えていた。

「これ以上、現場で作業を続ければ、作業員が被ばくし、健康被害が発生し、場合によっては、命も危なくなる。それくらい過酷な現場であることは私も認識していました。しかし、東電の作業員が避難してしまえば、無人と化した原発からは、大量の放射性物質が出続け、やがては東京にまで到達し、首都圏全域が避難区域になってしまう。全面撤退は、東日本の全滅、日本という国家の崩壊を意味していました。撤退という選択肢はあり得なかった。放射能という見えない敵と戦うしかなかったんです。逃げるわけにはいきませんでした」。

「私が『撤退はあり得ない』と言うと、海江田大臣たちはうなずきました。さらに、その場にいた全員に向かって、『まだやれることはありますね』と言うと、伊藤危機管理監が『決死隊を作ってでも、頑張ってもらうべきです』と言いました。保安院や原子力安全委員会から来ていた人たちも、口々に『まだやれることはあります』と言ってくれました」。

菅は、東京電力の清水正孝社長をすぐに官邸に呼ぶよう指示した。そして、宣言する。

「東電本店に行こうと思う。政府と東電との統合対策本部を作る。細野補佐官に東電へ常駐してもらう」。

菅は自らの意図を次のように説明する。

「統合対策本部の構想は、この前日あたりから考えていました。目的は、現場の状況の正確な把握と意思決定のスピードアップという実務的な理由もありましたが、それ以上に、政府と東電が一体で事故収束にあたることを明確にする狙いもありました。とにかく、東電は、情報が不正確でしかも遅かった。現場は強い危機感を持っていますが、本店は国家

総理大臣官邸（夜）

的危機だという緊張感が薄いように感じられました。官邸の政治家や官僚は、国家の命運を背負うという意識がありますが、民間会社である東電にそのような意識がないのは、当然かもしれません。ただそれでは困ります。東電の意識を『国家の危機に政府と一体となって対処する』というふうに変えさせなくてはならなかったんです」。

午前四時過ぎに東京電力の清水社長が官邸に到着した。寺田が出迎えに行く。執務室を出ると、扉の前にはすでに清水社長と二人の従者がいた。「社長お一人で入られますか。それとも全員で入られますか」と聞くと、「私一人で参ります」と答えた。寺田はともに執務室に入り、清水社長には、菅の斜め前に座ってもらった。

菅はこう切り出した。

「まず、撤退はあり得ない」。

すると、清水は意外なほどあっさりと「はい」と答えた。清水から撤退要請の電話を受けていた枝野や海江田は、意外な表情を浮かべる。関係者一同も首をかしげた。

菅も次のように証言する。

「四時過ぎに清水社長が来たので、『撤退なんてあり得ませんよ』と告げました。清水社長は『はい。わかりました』とあっさりと答えました」。

「あまりにもすぐに『はい』と言ったので、拍子抜けした記憶があります」。

以下、二人のやり取りはこう続く。

菅「これから政府と東電の統合対策本部を作る。本部長は私。事務局長に細野補佐官。細野君をそちらに常駐させたいので、部屋と机を用意してください」。

清水「はい。わかりました」。

菅「これからすぐに本店に行くから、準備するように。準備にどれぐらいかかりますか」。

清水「二時間くらいあれば」。

菅「そんな悠長な時間はない。一時間で用意してください。細野君を同行させます」。

清水「はい……」。


席を立ちかけた清水に、寺田が声をかけた。


寺田「統合本部設置に東電は同意したということでいいですね」。

清水「はい。結構です」。


政府と東京電力の原発事故統合対策本部の設置が正式に決まり、この後、菅は東電本店に乗り込むことになる。

## 注水の人間は残してくれ

三月一五日午前五時二十六分、菅は公用車に乗り込み、東京・内幸町にある東電本店に向け、官邸を出発した。

実は、この直前、寺田は総理大臣の政務秘書官から、次のように尋ねられていた。

「総理から今、呼ばれまして、『東電の職員が逃げ出し始めて原子炉が最悪の事態になった場合、もう一度、私が現地に行く可能性があるので、準備するように』ということでした。どうしましょうか」。

寺田は、それが現実化した時のことを想像してゾッとした。

「作業員が逃げ出すような現場に行くってことは、間違いなく死ぬじゃないか。メルトダウンだらけの現場に行くのか……しかも決死隊の一人として」。

東京電力本店に着く菅総理大臣の車（2011年3月15日）

寺田は菅の車に同乗し、「僭越ながら」と前置きして、菅に直接、こう進言した。

「ご指示の通り、事態が一層深刻化した場合に、総理が再度、原発入りをできるよう準備はしておきます。ただ、超高線量の現地に行くことは、同行する私も含め、多くの秘書官や警護官には、相当の心の準備が必要になると思います。一二日の現地入りでさえ、表には出しませんが、多くの同行者は心の底で恐怖感を持っておりました。今後、総理ご自身が再度、現地入りを決行される場合は、そのような思いを持つ多くの若手が含まれることをご留意ください。高線量被ばくで死ぬ可能性が必至の場合は、総理お一人で向かっていただくことになりかねません」。

寺田はこう振り返る。

「自分の弱さが如実に出た瞬間でした。やはり、まだ死にたくない、将来、子供を授かりたいという思いが、いざ死の覚悟を迫られた時に出てきたのだと思います。それに、進言できない若い秘書官や警護官の気持ちを代弁したいという思いもありました。当時、私以外に総理に伝えられる者はいませんでしたから」。

これに対して、菅は少し微笑みながら、こう話したという。

「そうか。やっぱり怖いかな。俺はもう歳だからな。あまり怖くないんだよ。若い人には、やっぱり恐怖感あるかもな」。

午前五時三十分過ぎ、菅総理大臣一行は、東電本店に到着した。官邸から東電までは車で五分程度。これまでの情報伝達の遅さを考えると、驚くほど近かった。

二階が対策本部になっていて、数百人が働いていた。オペレーションルームにはモニターがいくつも並んでおり、その一つは福島第一原発につながっていた。リアルタイムで吉田所長と話せるシステムがあり、各サイトの様子もある程度はわかるのだ。菅は思った。

「それなのに、なぜ現場の様子が官邸に伝わらなかったのだろう」。

対策本部の馬蹄形のテーブルに、勝俣恒久会長や清水正孝社長ら東電幹部が陣取り、その向かいの長テーブルに菅が座った。細野が「総理からお話があります」と切り出すと、菅は立ち上がり、話し始めた。

菅はこの時、東電の撤退要請は、清水社長だけでなく会長ら他の幹部の判断も当然入っていると考えていた。だから、東電幹部を前に、撤退を思いとどまるように説得するつもりで、渾身の力を気持ちに込めて話したという。

「今回の事故の重大性は、皆さんが一番よくわかっていると思う。政府と東電がリアルタイムで対策を打つ必要がある。私が本部長、海江田大臣と清水社長が副本部長ということになった。これは二号機だけの話ではない。二号機を放棄すれば、一号機、三号機、四号機から六号機、さらには福島第二のサイト、これらはどうなってしまうのか。これらを放棄した場合、何か月後かには、全ての原発、核廃棄物が崩壊して放射能を発することになる。チェルノブイリの二倍から三倍のものが十基、二十基と合わさる。日本の国が成立しなくなる。何としても、命がけで、この状況を抑え込まない限りは、撤退して黙って見過ごすことはできない。そんなことをすれば、外国が『自分たちがやる』と言い出しかねない。皆さんは当事者です。命を懸けてください。逃げても逃げ切れない。情報伝達は遅いし、不正確だ。しかも間違っている。皆さん、委縮しないでくれ。必要な情報を上げてくれ。目の前のこととともに、十時間先、一日先、一週間先を読み、行動することが大切だ。金がいくらかかっても構わない。東電がやるしかない。日本がつぶれるかもしれない時に撤退はあり得ない。会長、社長も、覚悟を決めてくれ。六十歳以上が現地に行けばいい。自分はその覚悟でやる。撤退はあり得ない。撤退したら、東電は必ずつぶれる」。

この演説を菅の斜め後ろで聞いていた寺田は、困惑した。菅の演説は終始、怒鳴り調子だった。車の中では、菅は落ち着いていたのに、東電の幹部を前に激昂してしまったようだった。幹部は唖然とした表情で、異様な雰囲気だった。菅と、怒鳴り演説を聞く東電の幹部、職員、作業員との温度差は深刻だった。

そして、この温度差の背景にあったのが、「撤退」をめぐる官邸と東電の認識の違いだった。当時、官邸にいた政治家や官僚たちは、清水社長から直接、電話を受けた海江田経済産業大臣、枝野官房長官をはじめ多くが、「東京電力は、福島第一原発の現場からの全面撤退を要請してきた」と受け止めていた。

これについて、菅は次のように証言する。

「吉田所長をはじめ現場が最後まで頑張る覚悟であったことは、私もその通りだろうと考えています。しかし、東電本店では当時、福島第一原発の要員の大半を第二原発に避難させる計画が、清水社長を含む幹部間で話し合われていたことは、東電のテレビ会議記録の公開された部分に残っています。そして、清水社長が経産大臣と官房長官に何度も電話し、両大臣が『会社としての撤退の意思表示』と受け止めたのも事実です。総理としての私は、両大臣が『撤退の申し出』と受け止めた以上、それを前提に何としても東電を撤退させせないための行動を取りました」。

一方、東京電力は「全面撤退を申し出たことはない」と強く主張している。

「東京電力が福島第一原子力発電所から全員を退避させようとしていたのではないかと、メディアで広く報道されていますが、そのような事実はありません。昨年（二〇一一年）三月一五日六時三十分頃、社長が『最低限の人員を除き、退避すること』と指示を出し、発電所長が『必要な人員は、班長が指名すること』を指示し、作業に直接関わりのない協力企業作業員および当社社員（約六百五十名）が一時的に安全な場所へ移動を開始し、復旧作業は残った人員（約七十名）で継続することとしたものです。東京電力が官邸に申し上げた主旨は『プラントが厳しい状況であるため、作業に直接関係のない社員を一時的に退避させることについて、いずれ必要となるため検討したい』というものです。三月一五日四時三十分頃に社長の清水が官邸に呼ばれ、菅総理から撤退するつもりかと問われましたが、清水は撤退を考えていない旨、回答しています」（二〇一二年三月一日発表）。

この「撤退」問題をめぐっては、福島第一原発事故を調査・検証するために設置された各機関がそれぞれの報告書の中で、見解を示している。まとめると、以下のようになる。

国会の事故調査委員会は、二〇一二年七月に両院議長に提出した報告書の中で、この問題は、官邸の誤解に基づくとしているものの、それを招いたのは、官邸の意向を探るかのようにして曖昧な連絡に終始した東京電力の清水社長の言動であったとしている。

政府の事故調査・検証委員会は、二〇一二年七月に取りまとめた最終報告の中で、清水社長や東京電力の一部関係者が全面撤退を考えていたのではないかとの疑問に関しては、そのように疑わせるものはあるものの、断定することはできず、一部退避を考えていた可能性を否定することはできないとしている。

福島原発事故独立検証委員会＝「民間事故調」は、二〇一二年二月に発表した報告書の中で、撤退拒否と統合対策本部設置等のアクシデントマネジメントについては、一定の効果があり、菅総理大臣が撤退拒否を強い口調で言ったことが、東京電力により強い覚悟を迫り、今回の危機対応における一つのターニングポイントになったとしている。

ともあれ、東電が「全面撤退」を検討していることを前提とした、菅の演説は終わり、菅は、海江田、福山、細野、寺田らとともに、対策本部の大部屋から廊下向かいの小部屋に移った。東電側からは、勝俣会長、武藤副社長らが入った。寺田はこの時、初めて勝俣会長に会った。

「非常に小柄でしたが、清水社長とは比べ物にならない存在感でした。周りの対応も、清水社長とは違うようでした」。

小部屋の壁にも、大部屋と同様、モニター画面があり、現場とオンラインでつながったテレビ会議システムがあった。福島第一原発の内部が手に取るようにわかるし、ボタン一つで吉田所長と話ができる。

「官邸にいた今まではなんだったんだ……」。

これまで官邸で、現場からの情報不足に苦しむ日々を送った寺田は、悔しかった。
小部屋では、勝俣と武藤による現状説明が行われ、今後の予測が話し合われた。菅と向かい合って座っていたのは勝俣だ。菅はおもむろに、落ち着いた声で勝俣にこう言った。

「絶対に撤退はない。何が何でもやってくれ」。

東京電力本店

これに対する勝俣の返答はこうだった。寺田の証言である。

「『はい。子会社にやらせます』と答えていました。この人、すごいことを言うなと、思わずのけぞりました。シビア過ぎて怖かったです」。

ほどなく福島第一原発に異変が起きた。午前六時過ぎ、大きな衝撃音と振動が発生。東電本店のモニターから、吉田所長の声が聞こえてくる。

「緊急事態です！　爆発音がありました！　現場から退避させせます！　許可、お願いします！」。

東電幹部が退避の文案を作成し、それが小部屋の勝俣のもとに届けられた。勝俣は、統合対策本部長となった菅の決裁を仰ぐ。「よろしいですか？」。菅はこう答えた。

「注水の人間は残してくれ。注水の人間を除いての退避は認める」。

国家のトップが一部の国民に対し、決死の作業を命じた瞬間だった。

この時、感じた思いを、寺田は次のように振り返る。

「多くの国民を守るために一部の人間に犠牲になってもらう。究極的な政治決断でした。震えました」。

## 三月一五日は、運命の日だった

三月一五日午前六時過ぎに起きた福島第一原発の爆発。

これに伴い、第一原発の作業員の大半は、十二キロ南にある第二原発に一時退避した。

ただ、この爆発については、当初は、最も危惧されていた二号機の格納容器の破損と放射性物質の大量放出が、ついに起きたのかと思われたのだが、実際はそうではなかった。

四号機の建屋の水素爆発だったのだ。

今まであまり話題になっていなかった四号機だが、その状態は他の原子炉とは決定的に違っていた。震災発生当時、四号機は定期点検中で運転を停止していた。発電に使われる核燃料棒は格納容器から取り出され、一時的に使用済み核燃料プールに移動されていた。原子炉内の核燃料棒は、格納容器とその内側にある圧力容器で遮蔽されているが、核燃料プールは建屋で覆われているだけ。ビルの中にあるスイミングプールと同じようなものだった。プールに水があり、冷却できている間は良いが、冷却できなくなって、水が高温になり蒸発していくと、燃料棒が露出し、放射性物質が放出し、それをガードするのは建屋だけになる。四号機も津波により電源を喪失し、プールの冷却機能は失われていた。このままでは、蒸発して水位が低下するのだが、調査の結果、三月二〇日までは大丈夫だろうということで、一号機から三号機への対応が優先されていた。爆発の前日一四日の段階でも、プールの水温は八十四度で、沸点には達していなかったという。

だが、四号機の建屋は一五日午前六時十四分過ぎ、水素爆発した。これについて、東電は、三号機に滞留していた水素が、配管を通じて四号機に流入し、爆発したのではないかと推測している。

また、四号機の水素爆発とほぼ同時に、二号機のサプレッション・チェンバー（圧力抑制室）の圧力が急低下した。なぜか。

先に記したように、二号機は、一四日午後一時二十五分に水を循環させて原子炉を冷やす機能が失われた後、ベントに失敗し、減圧がうまくいかなかった。このため、水位が低下して核燃料棒が露出し、炉心が損傷した。その後、注水は再開されたが、格納容器が損傷した。つまり、どこかに穴が開いた。そこから大量の放射性物質を含む水蒸気が、外に漏洩したのである。このため、サプレッション・チェンバーの圧力は低下した。実際、二号機からは、一～三号機の中で、最も多くの放射性物質が放出されたと推定されている。ただ、この原因不明の穴のおかげで、結果的に格納容器そのものの爆発は防げたのだ。

ゴム風船を膨らませていけば、最後には破裂するが、紙風船を膨らませていくと、ある段階で、つなぎ目のあたりから穴が開いて、プシュッと空気が逃げ出す。紙風船は萎んでしまうが、破裂はしない。二号機は、この紙風船のように、どこかで穴が開いて、空気が抜け出たのだ。だから、爆発を免れた。

これについて、菅総理大臣は、次のように振り返る。

「福島第一原発の作業員、自衛隊、警察、消防の方々の命懸けの働きを過小評価するものでは決してないので、誤解しないでほしいのですが、私は、この事故で日本壊滅の事態にならずに済んだのは、いくつかの幸運が重なった結果だと考えています。その一つが、二号機の原因不明の圧力低下です。もし二号機の格納容器が、ゴム風船が破裂するように爆発していたら、誰も近づけなくなっていたでしょう」。

三月一五日は、未曽有の原発事故に対応する体制がようやく整ったという意味で、ターニングポイントといえる日だった。

この日、政府と東京電力の統合対策本部が設置され、政府と東電の情報共有と意思疎通は劇的に改善し、両者が一丸となって事故に取り組む態勢が、ようやく動き始めた。

この三月一五日という日の意味について、当時、政府の原発事故対応の中心にいた福山官房副長官は、NHKのインタビューで、次のように述べている。

「東日本を襲った巨大地震と大津波、そして、それに伴う東京電力福島第一原子力発電所の事故は、戦後最大の国難でした。そして、三月一五日は、その大勢を決める『運命の日』だったと思います」。

「なぜそのように考えたかというと、一つは、東京電力が福島原発から退避するという話が官邸に来たことです。一時退避なのか、一部の退避なのか、全面撤退なのか。これは後々の議論が錯綜していますが、一部の退避で、全面撤退ではないと捉えた人間は、官邸の中には一人もいませんでした。ですから、その真偽は別にして、東電がオペレーションを放棄した場合に、福島だけではなくて東関東、東京まで含んで、日本は放射能に汚染される可能性があったわけです。結果として、東京電力がオペレーションを続けていただいたので、辛うじて今の状況になっていますが、いまだに福島は厳しい状況が続いています。もし東関東や東京まで放射能汚染が広がるようなことがあれば、それは日本にとって、大変な損失であり、その後の復興やエネルギー政策がどうなっていたかわかりません。つまり、すごく大きなポイントが三月一五日にあったと思います」。

「もう一つは、あの日、東京電力と政府の統合対策本部が設置されたことです。東京電力のオペレーション室が、あれほどきちんと、福島のオペレーションとつながっていて、

福山哲郎元官房副長官

映像でいろいろなやり取りができていることを、私たち官邸は全く知らされていませんでした」。

「菅総理の決断で、細野補佐官を東京電力に常駐させて、常に情報が官邸に来るような状況を作りました。おかげで情報の流れがすごくスムーズになったのと、東京電力が隠したい情報があろうがなかろうが、関係なくなったので、情報が流通し出したという点でいえば、やはり統合対策本部の設置は、判断としては適切だったと思います。『もっと早くやっておきたかった』というのが率直な思いです。事故当初から東京電力に官邸のスタッフが常駐していれば、もう少し違った景色が見えていたかもしれないと、そのように思います」。

# 第四章　DAY6&DAY7　反転攻勢

## 日本は一丸となって対処すべきだ

東京電力福島第一原子力発電所は、事故発生から五日目の二〇一一年三月一五日早朝、最重要局面を迎えていた。

二号機は、前日から格納容器の圧力が急上昇し、破損が案じられる中で、今度は圧力抑制室の圧力が急低下し、放射性物質を含む水蒸気が外に漏れ出していた。

四号機の原子炉建屋では、水素爆発が発生した。それまでに一号機と三号機の建屋でも水素爆発が起きていたが、水素爆発は、原子炉内で核燃料棒が溶け落ちる、メルトダウンが起きていることの兆候でもある。特に事故当時、定期点検中だった四号機は、先述したように、核燃料棒が格納容器から取り出され、プールに浸かっているだけの状態だった。そのプールを覆っている建屋で水素爆発が起きたのだから、非常に危機的な状況である。

四号機の核燃料プールは、蓄えられた水がなくなれば、むき出しの核燃料棒が晴天の下にさらされることになる。たとえ核燃料棒が水に浸かっていたとしても、その水は、核燃料棒が持つ熱によって徐々になくなっていくだろう。非常に危険な状態だ。

この四号機の状況を、日本政府以上に厳しい目で見ていたのが、アメリカ政府だった。アメリカは、福島第一原発の上空に、無人偵察機「グローバルホーク」を幾度となく飛ばして、四号機のプール周辺の温度や空中の放射線濃度を測定。四号機のプールの状態を独自に分析していた。その結果、アメリカは、すでにプールの水はなくなり、核燃料棒が露出していると判断していたのだ。

一方、日本は、自衛隊による温度測定でプールの状態を把握・分析しており、燃料棒はかろうじて水の中にあると判断していた。

この四号機プールをめぐる日米の分析の違いが、アメリカ側の日本政府に対する不信を増幅させていたのだ。

また、一五日朝、福島第一原発の作業員の大半が第二原発に一時退避したことで、アメリカ政府内では、東電が現場から全面撤退するのではないかという憶測も浮上していた。もちろん、この日の未明に日本の総理大臣官邸で起きた「撤退騒動」の情報も、アメリカには伝わっており、アメリカ政府の危機感は否が応でも高まっていた。

こうした中で、アメリカ東部時間の一六日午前九時（日本時間午後十時）、アメリカ国務省のカート・キャンベル次官補は、日本の藤崎一郎駐米大使を国務省六階の自らのオフィスに呼び出した。先述したように、キャンベルは当時、東アジア・太平洋担当の次官補で、日本で言えば、外務省の局長にあたる。アメリカ民主党きっての「知日派」として知られ、オバマ政権では、事実上の対日政策の責任者というべき立場にあった。

福島第一原発の危機的な状況を憂慮していたキャンベルは、アメリカにおける日本政府の代表である藤崎と直接、会って、日本政府の現状認識と今後の見通しを聞くとともに、アメリカ政府の考え方を伝えようとしたのだ。

この会談の詳細について、筆者は、オンカメラのインタビューで藤崎に質している。

以下は、その時のやり取りである。

筆者「一六日だったと思うんですけれども、藤崎大使、国務省のキャンベル次官補に呼ばれていますよね。まず、その時の雰囲気や状況を教えていただけませんか」。

藤崎「キャンベルさんとは、その時、震災後初めて、連絡を取ったということではなくて、それまでもしょっちゅう電話したり、会ったりしておりました。ですから、その日の朝に呼ばれた時も、何か特別なことが起きたという感じはありませんでした。実は、次官補というのは、本来は大使のカウンターパートではなくて、大使は副長官とか長

藤崎一郎元駐米大使

官と会うべきなんですけれど、キャンベルさんと私は、長い付き合いでしてね。彼が国防次官補代理をやっていて、私が在米大使館の公使だった時からの付き合いで、震災の十何年も前からよく知っていて、私が北米局長の時も一緒に仕事をしておりました。北朝鮮問題や中国問題でも、しょっちゅう連絡を取っておりましたので、大震災でも、当然、この人とできるだけ密に連絡を取っていこうと思っておりました」。

筆者「国務省を訪れた時の雰囲気ですが、ちょっと尋常でない、厳しい雰囲気、そういったことはあったでしょうか」。

藤崎「大変な状況でしたから、当然、普段のようなリラックスした雰囲気では、もちろんなかったです。日米とも『大変、厳しい状況だ』という認識の中で会っていました」。

筆者「実際、キャンベルさんは、藤崎大使を呼んで、その場で具体的にどういった話をされましたか」。

藤崎「キャンベルさんは『アメリカ政府としては、こういう時だから、日本のために何でもするつもりだ。だから、できるだけ情報を共有していきたい』と。そして『こういう厳しい状況の時には、日本は一丸となって対処すべきであると考える。これはもちろん、アメリカがとやかく言うことではないけれど』という趣旨のことを言っていたと思います」。

筆者「日本は一丸となって対処すべきだ。それは逆に言うと、その時点では、そうなっていないという懸念が示されたということだったんでしょうか」。

藤崎「そこはわかりませんが、『これは、アメリカがとやかく言うことではないけれど』と言った上で、『日本政府がきちんと対処してほしい』と言っていました」。

筆者「『きちんと対処してほしい』というのは『一丸となって対処してほしい』ということですか。『もっと真剣に取り組むべきではないか』とか『もっと自衛隊を活用すべきではないか』といったことは言っていましたか」。

藤崎「私は、具体的なやり取りを個別に覚えているわけではありません。いろいろな報道は承知しておりますけれど、正直に言うと、キャンベルさんが『一丸となって対処すべきだ』と言った時、私自身も『こういう時には、日本が一丸となって対処しなくてはいけない』と、そう思っておりましたので、あまり違和感はありませんでした」。

筆者「キャンベルさんが日本に一丸となった取り組みを求めた際に、『こういった非常時では、英雄的な犠牲が伴うような覚悟が必要ではないか』と、そのように大使に伝えた場面はあったのですか」。

藤崎「もう十年以上前ですから、私には正確な記憶があるわけではありません。ただ、彼の人となりを考えますと、絶対にそんなことは言ってませんと、否定できるようなことはありません。彼は公的なことを伝える時に、同時に自分の気持ちも込めて言うことがある人でしたから」。

この会談では、キャンベルが藤崎に対し、非常に厳しい表現で、日本政府の事故対応を批判し、東京電力任せにするのではなく、より政府が前面に出た対応を取るよう迫ったとされていた。例えば、朝日新聞社の主筆を務めたジャーナリストの船橋洋一は、その著書

『フクシマ戦記』（文藝春秋）で、この会談のやり取りをそのように描写している。

私も、藤崎からそうした言質を取るべく質問を重ねたのだが、読んでいただければわかるように、藤崎はキャンベルが具体的にどういう物言いをしていたのかについては、言葉を選び、慎重な言い回しに終始していた。古くからの知己であり、現在、バイデン政権の高官であるキャンベルに迷惑がかかることがないよう、配慮していたのかもしれない。

ただ、藤崎は、インタビューの中で、非常に慎重な言い方ながらも、当時の自らの心情を洩らしてもいた。再掲になるが、藤崎はこう言っていた。

「正直に言うと、キャンベルさんが『一丸となって対処すべきだ』と言った時、私自身も『こういう時には、日本が一丸となって対処しなくてはいけない』と、そう思っておりましたので、あまり違和感はありませんでした」。

つまり、駐米大使で、日本政府のアメリカにおける代表だった藤崎の目からも見ても、当時の日本の取り組みは「一丸となっていない」「東電と官邸、官僚機構がバラバラに動いていて、秩序だっていない」と、そう見えていたのである。

## 英雄的な努力が必要だ

先述したように、私たちは今回の番組制作にあたって、この会談のもう一方の当事者であるキャンベルにもインタビューを申し込んでいたのだが、二〇二三年現在、ホワイトハウス国家安全保障会議・インド太平洋調整官の要職にあるキャンベルは、その立場もあってか、私たちの依頼に応じることはなかった。

ただ、この会談にアメリカ側の一員として同席していたある人物が、私たちのインタビューに応じてくれた。先ほども登場した、ケビン・メアである。メアは、東日本大震災の直前まで国務省の日本部長を務めており、この会談の当時は、国務省の対日支援タスクフォースで日本側との調整の任にあたっていた。

メアはインタビューで、まず、この会談の背景にあったアメリカ側の危機感について説明した。

「当時、アメリカは、福島第一原発の事故に関して日本が持つデータ、放射能のセンサーがどのような値を示しているかなどを知りたかった。それは明らかです。ただ、私たちが最も知りたかったのは、日本政府が、それをもとに、どのような対応を取るつもりなのかということでした。なぜなら、私たちには、日本政府の反応が見えなかったからです」。

「なるほど、のちに有名なフクシマ・フィフティのことは耳にしましたが、警察は何をやっているのか。消防はどこにいるのか。自衛隊は必要とされる時にどこにいるのか。原子炉に注水する人たちはどこにいるのか。当初、私たちには、何もわかりませんでした。それがわかるまで、事故発生から数日間がかかり、状況は悪化する一方でした」。

「数日間で原子炉の状況が目に見えて悪化していきました。物理的に悪化しただけでなく、一般の人々も大きな不安を感じるようになりました。それでも、それに対処するための政府の対応は見られませんでした。だからある時点で、私たちは藤崎大使と会談して、こう言いました。『政府全体のアプローチが必要です。東電だけの問題にするわけにはいきません。これは日本政府の問題です。日本政府の問題として対処する必要があります』と」。

カート・キャンベル米国務次官補（当時）

続けて、メアは、会談でのキャンベルの発言について、次のように描写した。

「キャンベルが使った言い回しを正確には覚えていませんが、藤崎さんにこのようなことを言っていたのを覚えています。『非常に深刻な状況です。原子炉に水を入れなければならないのに、日本政府の対応が見えてきません。しかも、東京電力はどうしてよいかわからず、現場を放棄しようとしていると聞きました。もちろん、私たちはアメリカであり、あなた方は主権国家です。私たちは、あなた方のやり方を、どうこう言うことはできません。ただ、親しい友人・同盟国として、日本に関心があります。ご存知のように、日本には多くのアメリカ人がいて、日本にはアメリカ軍が大規模に駐留しています。日本の動向は、私たちに直接、大きな影響を与えるのです』」。

「『数百人単位の人たちがここで事故に対処し、原子炉に水を入れる作業に従事しなければなりません。ポンプに充電し、水を汲み上げなければなりません。複雑なプロセスではないんです。もちろん、非常に危険な状況であることは、私たちも理解しています。ただ、こうした状況を制御するためには、いわゆる『英雄的な努力』が必要なんです。すでに事故の発生から三、四日が経過し、原子炉はますます悪化しています』」。


「英雄的な努力が必要だ」。やはり、キャンベルはこう発言していたのだ。

「英雄的な努力」とは、たとえ、自らの身を犠牲にしても、より多くの他者を救うため、献身的に行動することを指すのだろう。キャンベルは「英雄的な努力」という言葉を使うことで、日本政府に相当の覚悟を迫っていたのだ。

原発における重大事故。多くの国民の安全を脅かす、このような国家的危機が発生した場合、指導者は、一部の国民に犠牲を強いなければならない。たとえ、作業員の命を危険にさらすことがわかっていても、現場の人員を増強する決断をしなければならない。撤退を認めることなどあり得ない。「英雄的な努力が必要だ」とは、すなわち「決死の覚悟を持て」ということだ。アメリカは、日本にそれを求めていた。

ただ、「英雄的な努力」という表現を使って、日本政府に相当の覚悟を迫っていたアメリカ人は、キャンベルだけではなかった。

当時の原子力規制委員会・NRCのトップ、グレゴリー・ヤツコ委員長もそうだった。ヤツコは、NHKのインタビューに、率直にこう答えている。

「私も実際にその言葉を使いました。日本政府における私たちのカウンターパートにも、『日本人は、英雄的な行動を取る必要がある』と勧告しました。それは、事実上、長期にわたるガンや死の可能性すらあるような、健康に恒久的な影響を与える放射線被ばくを受ける可能性があるということを意味します。もちろん、『深刻な放射線被ばくを受け得る行動を取らなければならない』と、ストレートには言わず、ある意味、耳ざわりの良い婉曲的な表現を使いましたが」。

「なぜその言葉を使ったか。原子炉の状態が悪化していたので、はっきり言うことが重要だと考えたからです。水素爆発が起きたということは、原子炉や燃料を適切に冷却する機能が失われたことをまず意味します。そうなれば、燃料が溶けだし、大量の放射性物質が周囲に放出されます。実際、そうした状況になりました」。

原発を稼働させる以上、重大事故が起きれば、事故の収束と被害の最小化に、命懸けで取り組まなければならない。ヤツコもまた、日本にそう覚悟を説いたのである。

さて、話を戻すと、キャンベルは藤崎にもうひとつ重大なことを伝えている。

同席していたメアは、こう言う。

「藤崎大使に伝えたのは、軍を含めて、関東地方にいるアメリカ政府の関係者が危険にさらされていると私たちが考えたり、事態が悪化して、彼らが実際に危険にさらされれば、軍の関係者を含めて、彼らを撤退させなければならないかもしれないということです。事態を制御できず、彼らを放射線の危険にさらすわけにはいかないからです」。

メアによれば、これを聞いた藤崎は「東京に報告する」と言って、いったん部屋を出たという。そして、数時間後に戻ってきた。メアは続ける。

「彼は『報告した』と言いました。おそらく総理大臣でしょうが、『東京と話をした』と。総理大臣官邸は『アメリカ軍の日本からの撤退についての議論は、非常に深刻な政治問題になる』と言ったそうです。それに対するカート（・キャンベル）の反応は次のようなものだったと思います。『これは政治的な問題ではありません。あなた方の国民と地域の生存に関する問題です。あなた方はこの状況に取り組まなければならず、私たちはそれを見ていく必要があります。そうでなければ、私たちは従来の方針を変えなければならない。必要だと思えば、私たちは、アメリカ軍の引き揚げを始めます』と」。

オバマ政権は、在日アメリカ軍の撤退を検討していた。衝撃的な事実である。

これを聞いた藤崎の反応はどうだったのか。

「少しショックを受けていたと思います。菅総理大臣もそうだったでしょう。ただ明確にしておきたいのは、私たちが伝えたのは、アメリカ人が危険にさらされていると判断すれば、そうするということです。率直に言って、私たちはその時点で、アメリカ人が危険にさらされているとは考えていませんでした。しかし、日本政府には、事態に対処するようプレッシャーをかける必要がありました。さもなければ事態はさらに悪化していたでしょう」。

このように、三月一六日、アメリカ国務省で断続的に行われた、藤崎駐米大使とキャンベル次官補の会談は、福島第一原発事故に対するアメリカの強い懸念と危機感、そして日本政府に対するフラストレーションが、最も強く表れた出来事の一つだった。

この会談の雰囲気が、日本政府にも伝わったのだろうか、この頃、官邸の総理大臣秘書官室では、こんな噂が流れていたという。

「オバマ大統領が相当悩んでいるらしい。大統領が最も懸念しているのは、四号機の核燃料プールの問題で、日本政府に『決死の覚悟』があるのかどうかも、疑っているらしい。もしかしたら、近々、アメリカ人全員の日本からの退避が決定されるかもしれない」。

こうした観測が流れる中、ついにオバマ大統領は、ホワイトハウスに関係各部局の幹部を招集した。主権国家として最も重要な役割である、緊急時の自国民保護、つまり、日本にいるアメリカ人の退避問題について、政権の方針を決めるためだった。

## 私たちは日本を捨てたとみなされる

アメリカ東部時間の二〇一一年三月一六日午後（日本時間の一七日未明）、原子力規制委員会・NRC委員長のグレゴリー・ヤツコは、急きょホワイトハウスに呼び出された。アメリカ市民の日本からの退避問題について話し合うためである。会議には、バラク・オバマ大統領をはじめ、科学技術政策担当の大統領補佐官、ジョン・ホルドレンらホワイトハウスや政府の高官が参加していた。

この会議でまず議題になったのが、日本在住のアメリカ人に対して行う避難勧告の対象範囲である。福島第一原発から半径五十マイル・八十キロの範囲内に避難勧告を行う案が示され、この場では、異論なく了承された。

ちなみに、この半径五十マイル・八十キロという範囲を事実上、決めたのは、ヤツコである。ヤツコはNHKのインタビューにこう答えている。

「放射性物質がどのように拡散するかについて、ＮＲＣは様々なシナリオを検討しました。私たちが見たところでは、原発は非常に深刻な原子炉事故を起こしていました。放出される可能性のある放射性物質の量を予測するために様々な想定をしましたが、その結果、放射線被ばくから人々を守るためには、最大半径およそ五十マイルの避難勧告をしなければならないという結論に達しました」。

この半径五十マイルの避難勧告という案を策定するにあたって、他の政府部局、特に軍から異論はなかったのだろうか。ヤツコはこう答える。

「アメリカ政府の各部局は、技術面の分析に関しては、だいたいにおいて、ＮＲＣの意見を聞き入れました。政府部局とはそういうものであり、それが任務なのです。私たちは、アメリカ海軍で原子力空母や潜水艦艦隊の安全対策を担う海軍原子炉機構とも、緊密に協力しました。彼らも同様に緊急対応を分析する能力があり、私たちと協力する中で、この勧告への同意を得ました」。

「アメリカ政府内には、五十マイル以上の勧告を望んだ人もいたかもしれません。この範囲を超えてさらに追加的な措置を取ることに乗り気な意見も、確かに聞かれました。ただ、自分たちが理解する限りでは、五十マイルが適切な基準だと考えたのです」。

アメリカ政府内には、より広範囲の避難勧告を望む人たちがいた。

これについては、当時、国務省の対日支援タスクフォースでコーディネーターをしていたケビン・メアも証言している。

メアによると、ホワイトハウスでの会議に先立つ一五日の深夜、国務省や国防総省、軍などの関係者が出席する大規模な電話会議が行われたという。

「当時、原子力規制委員会とエネルギー省は、スーパーコンピューターを使って、それぞれにシミュレーション・モデルを作成し、最悪のシナリオの場合、原子炉からの噴煙がどのような風によって、どこに行くかを確認していました。通常の風の吹き方であれば、海に出ますが、風向きが東京方面に変わる可能性もありました」。

「問題は、それが関東平野に届くかどうかでした。そこには約十万人のアメリカの民間

ケビン・メア元米国務省日本部長

人がいて、在日アメリカ軍の大部分もいました。

当時は、そういう環境だったのです。そこで、私たちはまず、どうすれば日本政府の対応が改善するかという問題に取り組まなければなりませんでした。また、日本にいるアメリカ市民はどうすればよいのかという問題にもです。さらに、アメリカ軍をどうすればいいのか。最悪のシナリオが展開された場合、つまり、彼らが危険にさらされてしまう場合に、です」。

「アメリカ軍側、特に太平洋軍と太平洋艦隊は、基地がある横須賀、横田、座間、そして関東地域が汚染される可能性があるかを懸念していました。兵士と軍隊を保護する必要があるからです。はたして軍隊が撤退する必要があるのか。それが、私たちが行っていた議論の枠組みでした。非常に重要な電話会議だったのです」。

そう。この会議の重要な議題は、関東地方に駐留するアメリカ軍に避難命令を出す必要があるかどうかだった。メアはこう続けた。

「政府関係者の多くが、避難する必要があるかもしれないと真剣に考えていました。特に軍は深く懸念していました。深夜に電話で話し合う中で、彼らは、放射能が関東平野でのアメリカ軍の駐留に大きな影響を与えるのではないかと非常に心配していました」。

「そして誰もが、アメリカ軍撤退の政治的な意味を理解していました。それは非常に深刻な決定ですし、否定的な反応もあるでしょう。アメリカが日本を見捨てているようにも見えるでしょう」。

ただ、この時、メアは、避難命令が必要ではないかという意見に対し、「時期尚早だ」として反対したという。

「私はこう言いました。『遅くとも今から二十四時間後には、原子力規制委員会とエネルギー省による放射性物質の拡散予測モデルが出ます。それを待ちましょう』と」。

「必要があれば、人を動かす準備を始めることはできますが、同盟に多大な損害を与えることになるので、まだ命令を出さないでほしかったのです。私たちは日本を捨てたとみなされますからね。このように私の立場は非常に明確でしたが、放射性物質の拡散モデルが、関東平野が危険にさらされていることを示した場合は、もちろん、私はアメリカ人を避難させることを支持します。彼らを危険にさらすわけにはいきません。しかし、その時点では、まだ結果はわかりませんでしたから、避難させる理由はありませんでした」。

メアはこう考えていた。

東京にいるアメリカ人をすべて避難させれば、日米同盟が崩壊の危機にさらされることは間違いない。イギリスやフランス、ドイツやイタリアなどは、早々に自国民の東京からの避難を勧告し、大使館の機能を大阪に移転させた国もあった。だが、同盟国のアメリカは、そう簡単に逃げ出すわけにはいかない。

間違いなくこの時、日米同盟の真価が問われる、ぎりぎりの局面が訪れていたのだ。

ただ、この電話会議では、結局、メアの意見が通り、東京からの避難命令の発令は見送られた。また、東京にはそこまでの危険がないことも、その後に出された放射性物質拡散のシミュレーション・モデルの結果から明らかになった。

メアは、この電話会議の顛末を次のように説明する。

「実際のところ、私たちは、想定よりずっと早く、放射性物質の拡散予測モデルを手に入れました。翌朝（一六日朝）までに受け取ったのです。その結果、私たちは、アメリカ人全員の避難命令を出す代わりに、政府で働く従業員の家族を対象に、自主出国届を発行することにしました。ただ、それは自発的なものでした。基本的には、家族が望むなら出国することができるというもので、強制的なものではありませんでした」。

この電話会議を経て、一六日午後、ホワイトハウスでオバマ大統領が出席する会議が開かれたのである。

先述したように、この会議ではまず、福島第一原発から半径五十マイル・八十キロの範囲内にいるアメリカ人に避難勧告を行う案が示され、了承された。これは、原子力規制委員会・NRCのヤツコ委員長が策定した案だった。

続いて、議題は、日本にいるアメリカ人の退避問題に移った。

NRCは、前夜の電話会議の議論などをふまえ、希望者に対して日本からの出国を支援する「自主出国」を提案した。

しかし、これに対してオバマ大統領は、慎重な姿勢を示した。ヤツコは「今すぐに動くべきです」と進言したが、オバマは「状況は理解しているが、菅総理大臣に伝えるまで公表を控えるのが賢明だ」として、最終判断を保留したという。

実際、オバマはこの後、アメリカ東部時間の一六日午後九時二十二分（日本時間の一七日午前十時二十二分）、菅と電話で会談し、福島第一原発から半径八十キロの範囲内にいるアメリカ人に避難勧告を出す方針を伝えた。また、希望者には「自主出国」を促す方針を説明するとともに、アメリカとして日本を支援し続ける考えを表明した。

オバマは、アメリカ人の安全の保護と日本政府への支持表明という二つの要素の間で、いかにバランスを取るか、苦心していたのである。

一方、ちょうどこの頃、菅政権も、自らの事故対応に対するオバマ政権の不信を払しょくし、信頼を取り戻すべく、そして、アメリカが日本に求めてきた「決死の覚悟」を今こその内外に示すべく、ある作戦を敢行していた。

## 日本政府は行動を始めた

三月一五日、政府と東京電力の統合対策本部が東電本店に設置され、細野豪志総理大臣補佐官が常駐する体制が整ったことで、官邸と東電、そして福島第一原発の現場との間の情報伝達は、格段にスムーズになった。ただ、それだけで事故現場の状況が好転するわけではない。福島第一原発の危機は続いていた。

建屋が水素爆発を起こした四号機は一五日の昼過ぎに鎮火したが、核燃料プールは屋根が飛んでしまった状態だった。何の覆いもないので、このまま水が沸騰し、蒸発してなくなれば、放射性物質がそのまま大気中に放出される。何としても注水が必要だった。

しかも、アメリカは、四号機の核燃料プールについては、すでに水がなくなり、核燃料棒が露出していると疑っていた。

また、同じく建屋が水素爆発した一号機と三号機も、四号機と同じ状態だった。ただ、屋根がなくなったということは、上空からの注水が可能になったということでもあった。

ここから、政府内で、自衛隊のヘリコプターによる核燃料プールへの注水作戦が検討されるようになる。一五日の夕方、北澤俊美防衛大臣が、自衛隊の折木良一統合幕僚長を伴って官邸を訪れ、総理大臣執務室に入った。

自衛隊のヘリで空中から原発に海水を注入する。

非常に単発的な行為で、その効果も未知数だったが、「核燃料プールに一滴でも多くの水を入れてほしい」というのが、現場の要請だった。少しでも水を入れて時間稼ぎができれば、持続的な注水方法を用意できるかもしれない。

ただ、防衛省側は当初、この作戦に強い難色を示した。そのような行為は、自衛隊の行為として想定されていなかったし、あれだけ高温・高圧の原子炉に水をかけるのだから、ヘリから真下のプールに注水した瞬間に、水蒸気爆発が起きる可能性がある。ヘリに搭乗する自衛隊員の命は危険にさらされるし、万が一、ヘリが原子炉に墜落でもすれば、核燃料が大気中に飛び散り、いっそう深刻な事態を引き起こすことになる。

それでも、議論の末、作戦は実行されることになった。

翌一六日の朝には、三号機から白煙がのぼっているのが確認された。核燃料プールの水が沸騰しているのではないかと危惧された。四号機のプールもいずれ沸騰する。とにかく冷やすしかなく、水を入れるしかなかった。もはや一刻の猶予もない。

また、この作戦は、アメリカに日本の「決死の覚悟」を示す狙いもあった。

これだけの非常事態にも関わらず、日本政府は、東京電力という民間企業に事態収拾を任せるばかりで、なぜ前面に出ようとしないのか。

これまで見てきたように、アメリカ政府は、そんな疑念を抱き、日本政府への不信を募らせていた。カート・キャンベル国務次官補が、藤崎一郎駐米大使との会談で、「日本は一丸となって対処すべきだ」と求めたのは、まさにそうした思いの表れだった。

この会談に同席した国務省のケビン・メアは、率直にこう述べている。

「私たちが日本政府に言いたかったのは、東電だけに頼ってはいけないということです。彼らは原子力発電会社で、原子力災害対応部隊ではありません。これは政府の責任です」。

さらに言えば、アメリカから日本に対しては、こんなメッセージも聞こえてきていた。

これだけの非常事態が起きているのだから、日本政府は、実力部隊である自衛隊を前面に出して、事故収束にあたるべきではないか。暴走する原子炉を止めるためには、「英雄的行動」が必要であり、命懸けでそれを行うのは自衛隊しかないのではないか。

自衛隊ヘリによる注水作戦は、こうしたアメリカの声に応え、日本の国家としての本気度を示すために、絶対にやらなければならない作戦になっていたのである。

一六日の午後四時頃、陸上自衛隊のヘリコプター「チヌーク」が福島第一原発の周辺に到着し、海で水をすくって、三号機に近づいた。だが、放水はできなかった。想定より放射線量が高かったからである。当然のことではあるが、原発の真上からでなくては、注水はできないし、その真上が最も放射線量が高いのだ。

ただ、この日は、注水はできなかったが、ヘリには東電の社員も乗り込んでいて、ビデオで三号機と四号機を撮影し、四号機の燃料プールに水があることを目視できたという。四号機のプールに水があるかどうかは、日米間で論争になっていたから、日本としては、これは思わぬ成果だった。

いずれにせよ、作戦中止に至った理由の詳細が菅総理大臣に報告され、菅は北澤防衛大臣に「厳しいだろうが、あすは何としてもやってほしい」と伝えた。

翌一七日の作戦の再実行がただちに決定され、決行時間は、すでに予定されていた菅とオバマ大統領との電話首脳会談の直前になった。

オバマ大統領が日本に求めていたのは「燃料プールの水位の改善」と「日本政府の決死の覚悟」だった。自衛隊ヘリの注水作戦は、まさにこの二つの課題を背負いながら、文字通り、全世界が注視する中で行われることになったのだ。

三月一七日午前八時五十八分、仙台の霞目《かすみのめ》駐屯地から二機のチヌークが飛び立ち、福島第一原発に向かった。放射線を遮断する金属板を貼り付けたヘリは、原発から二キロ沖の海上で海水を汲み、時速三十キロほどで南東から原発の上空に入った。高度はおよそ九十メートル。西寄りの秒速十メートル以上の強風が吹いていたが、九時四十八分、ついにヘリは三号機への注水を実行した。以後、五十二分、五十八分、十時と、四回にわたり、水が投下された。二機のヘリが二回ずつ、一回あたりおよそ七・五トン、合計およそ三十トンの水がまかれた。この作戦の模様はテレビで中継されていた。

総理大臣補佐官の寺田学は、この時、総理大臣秘書官室にいた。

「秘書官室では、みな総立ちでテレビを見つめていました。みなが固唾をのんで見守っている中で、ヘリがいよいよ三号機の上空に行き、次の瞬間、望遠レンズで捉えられた、ぼやけたヘリから、水が落下するのが見えました。『やったあ！』と秘書官室で歓声があがりました。これで、どれぐらい燃料プールの水位が上昇したかは判断できませんでしたが、それでも、物事が前進していく大きな一歩だと感じました。暴走する原発に比べれば、はるかにひ弱な人間が、決死の覚悟でようやく一矢を報いた瞬間だと思いました」。

この注水作戦の直後の午前十時二十二分、菅総理大臣とオバマ大統領の、震災発生以来二回目となる日米首脳電話会談が行われた。

電話会談に同席した福山哲郎官房副長官は、ＮＨＫのインタビューでこう語っている。

「放水の後、すぐにオバマ大統領から菅総理に電話が来て、『非常に感動した』という話がありました。そして『アメリカとしては、日本に対する協力をより一層やっていきたい』というような言葉がありました」。

「『あの時に、日本側は、原発に本気で命懸けで対処しようとしているんだということが、アメリカの政府内にもアメリカの国内にも伝わった』というのは、その後、アメリカ側から本当に何度も言われました。自衛隊の皆さんの決死の努力や、当時の北澤防衛大臣の決断でやっていただいて、すごくよかったと思います。あの放水が、原発の事故対応にどれ

自衛隊による原発放水作戦（2011 年 3 月 17 日）

ほど有効だったかというよりも、その姿勢が、アメリカの日本に対する不信感を払しょくし、日本に協力しようという姿勢により強く影響したということはあったと思います」。

「ですから、あの放水をきっかけにというか、あの放水の前後から、日米のいわゆる連絡協議会というものが立ち上がる素地ができたと思います」。

自衛隊の最高指揮官である菅も、この注水作戦が、日本の国家としての本気度を示し、アメリカの日本に対する不信感を払しょくする、いわば「反転攻勢」の第一弾になったと受け止めていた。

「作戦が成功した直後、アメリカのオバマ大統領と電話会談をしましたが、オバマ大統領もテレビで自衛隊の注水作戦を見ていたそうで、感激してくれていました。この作戦は、目に見える作戦であり、しかも、自衛隊員の被ばくを覚悟しての決死の作戦でした。その危険性を最もよく理解していたのはアメリカ軍だったようで、この作戦以後、アメリカ軍の態度が大きく変わったと聞いています。アメリカ軍には、日本政府がどこまで本気で解決しようとしているのか、疑心暗鬼な雰囲気もあったそうですが、自衛隊は『日本政府が本気である』と行動で示してくれました」。

もちろん、この自衛隊ヘリによる三号機燃料プールへの注水作戦が、実際の事故対応にどれだけ有効だったかについては、アメリカ政府内でも、いや、日本政府内ですら、疑問視する声が多くあった。ただ、日本政府が、自衛隊という実力部隊を事故対応に出動させたことで、日本が収束作業に「国家として取り組んでいる」姿勢を示す、政治的な効果はあったとみる向きは多い。

当時の日本政府の事故対応に厳しいコメントをしてきた、元国務省日本部長のケビン・メアはこう述べている。

「原子炉への実際の物理的影響はほとんどなかったと思います。水は空気中に消散しているのが見えましたからね。あの放水は明らかに不十分でした。間違いありません。しかし、少なくとも日本政府が、何かをする必要があるということを理解していると示す行動ではありました。だから、私たちはあまり否定的になって、それを非難したくはありませんでした。日本政府は行動を始めたのです。そういう意味では、第一歩として評価されたのではないかと思います」。

「国務省内の雰囲気は『オーケー。良い行動を始めたな。ありがとう。でも、まだ不足だ。もっとやる必要があるぞ』という感じでした」。

## 日本の避難指示の範囲は適切だ

三月一七日午前十時二十二分から行われた菅総理大臣とオバマ大統領の日米首脳電話会談は、震災発生後、二回目となるもので、オバマ大統領からの申し出で行われた。会談時間はおよそ三十分間。公表資料や福山官房副長官のメモ、「福山ノート」の記述などによれば、会談の概略は、以下のようなものだった。

オバマ「日本を支援するためになし得ることの全てを行うという、我々の強い決意をお伝えしたい。在日アメリカ軍による支援やレスキュー・チームの活動といった、当面の対応のみならず、さらなる原子力の専門家の派遣や中長期的な復興も含めて、あらゆる支援を行う用意があります」。

菅「ご心配をおかけしています。地震発生から一週間。これまで経験したことがないような時間を過ごしました。長い闘いになりそうです。あらん限りの力でがんばります」。

菅「原発事故に対しては、警察・自衛隊を含め、全組織を動員して全力で対応しています。我々には『撤退』という文字はありません」。

菅「申し出のあった支援については、アメリカとよく協議していきたいと思います。また、アメリカから派遣された原子力専門家と日本側の専門家の間で、引き続き緊密に連携していきたいと思います。アメリカ側には、包み隠さず情報共有を行っていきます」。

続いて、オバマは、福島第一原発から半径八十キロ圏内にいるアメリカ人に対し、避難勧告を出す方針を説明した。また、日本在住のアメリカ人のうち希望者には「自主出国」

バラク・オバマ米国大統領（当時）

を促し、アメリカ政府としてそれを支援する方針もあわせて説明した。

ただ、この時点で、日本政府は周辺住民に対し、半径二十キロ圏内からの避難と、二十キロから三十キロのエリアでの屋内退避を指示していた。

つまり、この原発事故が発生して以来、初めて、日本政府が日本の市民に出した内容とは違う内容の勧告を、アメリカ政府がアメリカの市民に出すことになったのだ。

だからこそ、オバマとしては、こうした措置を対外的に公表する前に、日本の総理大臣に直接、説明して、理解を得ておきたかったのである。同盟国の指導者の立場を考えた、思慮深いオバマならではの外交的配慮だった。

ただ、そんなオバマの配慮にも関わらず、この日米の違いは大きな波紋を呼んだ。

何しろ、日本人に対する避難指示の範囲が福島第一原発から半径二十キロなのに、アメリカ人への避難勧告の範囲は、日本のそれよりはるかに大きい八十キロなのだ。

当然、日本人は、不安になる。

アメリカ政府は、日本政府も持っていない、もしくは、日本政府が隠しているような、放射性物質の拡散に関する正確な情報を把握していて、自国民に対してのみ、安全な避難を呼びかけたのではないか。そんな憶測が飛び交った。

日本のメディアは菅政権に「なぜ日米でこんなに違うのか」と激しい批判を浴びせた。

この時の状況について、官房副長官だった福山は、次のように説明している。


「まずオバマ大統領から菅総理に『日本にいるアメリカ人に対して、八十キロの範囲で避難勧告を出します』という報告がありました。非常に丁寧な対応をしていただいたと思っています。我々が何も知らないところで、いきなりアメリカが発出すれば、日本に動揺を与えることもあったと思うんですが、事前に連絡をいただいたということは、アメリカの誠意の表れだったと思います」。

「二十キロと八十キロの違いについては、当時、メディアにすごく叩かれたんです。『なぜ日本は二十キロなのに、アメリカは八十キロなんだ』『日本も八十キロの避難にすべきではないか』『六十キロ地点に住んでいる日本人は見殺しにするのか』。そういう批判的な論調がかなり多くありました。でも、それについては、我々は明確に説明ができました。仮に避難の範囲を八十キロまで伸ばすと、避難しなければいけない人の数が膨大になります。それに比べて、福島に住んでいるアメリカ人は点在していて、数も日本人に比べて圧倒的に少ない。避難のリスクが全然違うわけです。それだけの避難場所を確保することは非常に難しいし、皆が一斉に避難すれば、渋滞や混乱も起きます。その間にもし原発が爆発したら、どうするのか。放射能被ばくのリスクをどう考えるのか。日本人とアメリカ人とでは、全然、人口の密集度が違うわけで、我々は科学的に議論して、その差について理解していました」。

しかし、そうした説明をしても、メディアにはなかなか理解されなかったという。

「次の日だったかな、アメリカ政府が『日本の避難指示の範囲は非常に適切で、アメリカとは状況が違う』と、きちんと発表してくれたと思うんですが、これもなかなかメディアにはわかっていただけなくて、すごく批判を浴びたなという思い出があります」。

ただこの時、アメリカが日本政府を擁護するコメントを発表していたことは興味深い。オバマ政権による菅政権への外交的配慮の表れであり、両者の足並みが徐々にそろってきたことの表れでもある。

実際、自衛隊ヘリによる注水作戦、それに続く警察や消防、自衛隊などによる地上からの放水活動は、日本が一丸となって事故対応に取り組む姿を、強くアメリカに印象付けるようになった。そして、それに伴い、日米両政府間の意思疎通も劇的に改善していく。

## 日米の信頼関係が高まっていった

三月一九日の夕方、アメリカの駐日大使ジョン・ルースが、福山に電話をかけた。福山によれば、それはねぎらいの電話であり、ルースは「命を懸けて現場で対処にあたっている関係者は真の英雄であり、我々の思いは彼らとともにある」と述べたという。

ルースは、この福山との電話会談から一時間半後の午後六時、総理大臣官邸を訪れて、震災発生後初めて、菅総理大臣と会談した。

福山のメモ「福山ノート」には、この時のルース大使の発言が記述されている。

「我々がお役に立てる時に、いつでも支援を求めていただきたい。形式的ではなく努力していきたい」。

先述したように、ルースはこれまで、原発事故をめぐる日本政府の対応を「官僚主義的だ」と批判してきた。だから、菅との会談でも「形式的な官僚主義ではなく実務的にやりたい」と訴えたのだ。一方の菅は「官僚政治の打破」を訴えて、総理大臣にまで登り詰めた男である。異論があろうはずがない。福山によれば、この菅・ルース会談を機に、日米のより実務的な意思疎通の回路となる「日米連絡調整会議」が創設されることになった。

また、三月一五日以来、原発事故対応の中心となっていたのが、政府と東電の統合対策本部である。この統合対策本部の事務局長となった細野総理大臣補佐官も、アメリカとの連携強化が事故収束のカギだと考え、日米間の緊密な意思疎通の枠組みを構築する必要性を痛感していた。

このプロセスだけは絶対に進めなければならないと考えていた細野は、菅に対し、福山を座長とし自らが実務を担当する形で、日米の関係機関を全て集めた枠組みを構築したいと訴えたという。同時に、細野はルースとも協議を重ね、ついに「日米連絡調整会議」が立ち上がった。日本側の座長は福山である。

三月二一日夜に準備会合が、二二日午後一時から正式な初会合が開かれた。

初会合の場所は、東京・永田町の総理大臣官邸の裏にある内閣府の一室。

日本側からは、内閣官房、経済産業省、防衛省、外務省などの関係各省と東京電力の担当者が出席し、アメリカ側からは、原子力規制委員会（NRC）、エネルギー省、それに軍と大使館の関係者が参加した。

この間の経緯と会議の状況について、福山は次のように説明する。

「ルース大使もそうですが、菅総理や枝野官房長官や私が必要だなと思ったのは、各省庁が全部そろってアメリカのチームと対峙して、定期的に情報共有する。その場所を作ることが大事だと考えました。もちろん、当時の細野補佐官にもお力を頂きました。それで結果として、日米連絡協議会というのができて、官邸の裏にある内閣府の一室で、毎日、各省庁の原発事故の担当者とアメリカのチームが対峙して、東京電力も出席して、その時の原発の状況について、全員が同じ話を共有する。『そこで共有した情報以外のものが外に出たら、許さんぞ』と、私は冒頭の会議で挨拶したんですが、その会議で、原発に関する、各省庁とアメリカの事故対応の情報をすべて突き合わせることになりました」。

「これを毎日やることによって、先ほどから話が出ている、官僚主義的な対応という話と、タイムラグが生じるという話が、徐々に徐々に減ってきました。東電も、この日米協議の場で報告したことと違うことを、他で言うわけにいかなくなりました。そしてやっと、『この状況について、どう対処しようか』とか、『この状況について、アメリカがこういうふうに機材を提供するから、日本側からこういうふうに依頼してくれないか』とか、日本側からも『これが今、必要なんだけど、アメリカはこういう問題について、対応する能力があるか』とか、そういう話がプラットフォームとしてできあがって、日米の信頼関係と実務的な連携が徐々に徐々に高まっていきました」。

「最初は、意見の違いを擦り合わせるところから始まりましたが、実際、日米協議が進むにつれて、実態としての原発事故に、みんなが同じ方向を向いて対応するという形に変わっていって、随分と事故対処が落ち着きだしました」。

一方、ルースも、この日米連絡調整会議を「ホソノ・プロセス」と呼んで、その設置を高く評価している。

「私たちは、日本が確立した『ホソノ・プロセス』に加わりました。それは、より整理されたコミュニケーション・プロセスで、おかげで情報交換が円滑になりましたし、日本がどんな物資や援助を必要としているのかがわかるようになりました。それに対して、アメリカができる限り支援することができるよう、優先順位をつけて対応することができるようになったのです。震災後数日で確立したこの『ホソノ・プロセス』のおかげで、より秩序だった情報交換が可能になったのは、良いことでした」。

日米連絡調整会議を通じて、アメリカは、効率的に日本のニーズを把握し、支援体制を組むことができるようになったのである。

一方、福島第一原発の事故現場では、自衛隊ヘリによる注水作戦の後、警察や消防、自

細野豪志総理大臣補佐官（当時）

衛隊などによる地上からの放水活動が本格化していた。

そして三月二二日には、「新兵器」が登場する。高層ビル建築用のコンクリート・ポンプ車、通称「キリン」である。

これは、生コンクリートを上部に圧送するためのドイツ製のポンプ車で、五十メートルを超えるブーム（クレーンの腕の部分にあたる長い棒状のもの）を持っている。

地上からおよそ三十メートルにある原子炉建屋内の使用済み核燃料プールでは、核燃料の発熱で水がどんどん蒸発しており、上から継続的に水を入れて、冷やし続けなければならなかった。自衛隊ヘリによる上空からの注水は「英雄的な行動」ではあるが、一過性であり、継続的には実施できない。その後、本格化していた警察や消防による放水活動では、高圧放水車などを使って、地上からはるか頭上にある燃料プールに向けて注水していたが、水が十分に届かず、効率的ではなかった。

ところが、この「キリン」の場合、燃料プールの目の前までブームが伸びるため、それまで難航していた注水作業が一気に進んだのである。

総理大臣補佐官だった寺田は回想する。

「キリンは目を見張るほどの成果をあげてくれました。あれだけ苦労した燃料プールへの注水が一気に進んだんです。本当に、キリンがあの危機を救いました」。

日米連絡調整会議を軸とした日米協力の進展。統合対策本部の設置による政府と東電の協力体制の再構築。「決死の覚悟」を示した自衛隊ヘリの注水作戦と、それに象徴される「反転攻勢」の開始。そして、「キリン」の登場による現場での注水作業の本格化。

こうした要素が相まって、世界を震撼させた東京電力福島第一原子力発電所の事故は、発生から十日余りを経て、徐々に収束の方向へと向かっていった。

## アメリカは日本を支え続ける

アメリカ東部時間の三月一七日午後、首都ワシントンDCの北西部、マサチューセッツ・アベニュー二五二〇番地にある日本大使館に、ひとりの壮年の男が姿を現した。

アメリカ合衆国第四十四代大統領、バラク・オバマその人である。

東日本大震災の犠牲者に弔意を示すため記帳に訪れたオバマは、大使館に隣接する旧大使公邸に入り、およそ四分半にわたって机に向かい、手ずからメッセージを書き込んだ。

アメリカの大統領が駐米日本大使館を弔問し記帳を行ったのは、一九八九年一月に昭和天皇が崩御した際、当時のロナルド・レーガン大統領が行って以来、二十二年ぶりのことだった。

大使館の主としてオバマを迎えた藤崎一郎駐米大使は、この時のことをこう振り返る。

「オバマさんは、単に名前をサインするだけじゃなくて、日本国民へのメッセージを書いてくださいました。その上で、少しお話する機会がございまして、『アメリカとしては、なんでもするつもりだから』ということを強くおっしゃっていました」。

この時、オバマが書き込んだメッセージは以下のとおりである。

この大惨事のただ中にある日本国民に、心よりお見舞いを申し上げます。私たちにとって最大の同盟国の一つである日本が苦境にある時に、アメリカは常に日本を支えるということを忘れないでください。

私たちは、日本がその国民の強さと叡智によって、必ずや復興し、いっそう強い国になると信じています。

復興に際し、亡くなった人々の記憶は私たちの心に留まり、日米両国の絆を強くすることでしょう。

日本国民に神のご加護があらんことを。

バラク・オバマ

この後、藤崎はオバマにこう話しかけたという。

日本大使館で記帳するバラク・オバマ大統領（2011 年 3 月 17 日）

「あなたはもう日本に何度も行かれましたけれど、実は最初に日本に行った大統領はフォードなんですよ」。

ジェラルド・フォードは、アメリカの第三十八代大統領で、在任期間は一九七四年から一九七七年。日本を訪問したのは一九七四年十一月で、現職のアメリカ大統領としては、初めての日本への公式訪問だった。

それを聞いたオバマは、ひどく驚いたようだった。

「フォードまでの大統領は、日本に行ってなかったのか！」。

日米はこれだけ重要な二国間関係なのに……と言いたげだった。

弔問を終えたオバマは、ホワイトハウスに戻ると、ただちに東日本大震災に関する声明を発表した。アメリカが日本とともにあると強調する力強い内容の声明だった。

オバマは、この声明をホワイトハウスのローズガーデンで自ら読み上げた。

長くなるが、全文を掲載したい。筆者が日本語訳をした。


「皆さん、こんにちは。この数日間、アメリカ国民は、日本の状況に心を痛め、深く懸念しています。想像を絶する数の死者と破壊をもたらした地震と津波が、私たちにとって、世界で最も親しい友人であり同盟国である日本を襲う様子を、私たちは目の当たりにしました。この強力な自然災害が、日本国民に平和なエネルギーを送るはずだった原子力発電所に衝撃を与え、さらなる惨事をもたらしています」。

「本日は、日本の状況について私たちがわかっていること、アメリカ国民や我が国の核エネルギーの安全のために私たちが支援しようとしていること、日本国民が損害を抑え、復旧、復興するために私たちがどのような援助をしているかについて、アメリカ国民に最

バラク・オバマ米国大統領（2011年3月17日）

新状況をお伝えしたいと思います」。

「まず、私たちはこの状況をしっかりと監視し、危険な状態にあるかもしれないアメリカ国民を保護するために必要な、あらゆる利用可能な手段と設備を日本に展開しています。日本の関係者は英雄的な対応を続けていますが、福島第一原発の原子炉の損傷が、近隣の人々に実質的な危険をもたらすことを私たちは知っています。このため、きのう、原発から半径五十マイルの範囲内にいるアメリカ国民に避難を求めました。この決定は、アメリカ国内、あるいは世界のどこにおいても、アメリカ国民の安全を守るために適用している科学的評価とガイドラインに基づいたものです」。

「この半径五十マイル圏外では、現在、避難を求めるほどの危険はありません。しかし、私たちは、もし状況が悪化した場合、被ばくの危険にさらされるかもしれないアメリカ国民に状況を伝え、慎重かつ予防的な対策を取る責任があります。そのため、昨夜、日本の東北地方で活動しているアメリカ政府関係者の家族の自発的な出国を認めたのです。日本にいる全てのアメリカ国民は、状況を注視し、アメリカ及び日本政府の指示に従ってください。そして援助が必要な方は、大使館や領事館に連絡してください。彼らは活動を続けています」。

「次に、多くのアメリカ人が合衆国への潜在的なリスクについて心配していることを、私は知っています。ですから、私はここで断言します。合衆国に有害なレベルの放射線は届かないとみています。西海岸やハワイ、アラスカ、太平洋上の領域であっても、問題はありません。それが、原子力規制委員会やその他多くの専門家の判断です」。

「さらに、疾病対策予防センターや公衆衛生の専門家は、アメリカにいる国民が予防措置を取ることを勧めてはいません。もっと言えば、私たちは、アメリカ国民に十分な最新状況を伝え続けます。なぜなら、大統領として私が知っていることを、皆さんも知らなければならないと、私は信じているからです」。

「国内においても、風力、太陽光、天然ガス、精炭のような再生可能な資源と並んで、原子力は、私たちの未来エネルギーの重要な一部です。アメリカの原子力発電所は、徹底的な調査を経て、いかなる極端な非常事態が起きても安全であることを宣言します。しかし、今、日本で起きている危機を見れば、私たちはこの出来事から学び、国民の安全と安心を確実にするための教訓を引き出す責任があります。そのため、私は原子力規制委員会に、日本で起きた自然災害の観点も含め、国内の原発の安全性に関する包括的な再評価を行うよう指示しました」。

「最後に、この未曽有の危機のただ中にいる同盟国日本を支援するため、私たちは積極的に活動を続けています。捜索救助チームは、現地の復旧作業を支援すべく懸命に活動しています。災害援助対策チームは、地震と津波がもたらした惨状に立ち向かっています。これまで数十年にわたって日本の安全を確保するために働いてきた在日アメリカ軍は、今回も二十四時間態勢で救援活動に従事しています。すでに現時点までに、復旧活動を支援するために何百もの指令を発し、日本の人々に数千ポンドの食料や水を配給しました。また、日本の原子炉の損傷を抑え込むために、わが国の優れた専門家を派遣しました。事故現場で勇敢に働いている作業員に、アメリカのチームワークと支援の恩恵が届くように、日本の人々と専門的知識、設備、および技術を共有しています」。

「そしてアメリカ国民も心を開いています。多くの人々が現在、行われている救援のための努力を支援しています。赤十字は、家を失った人々が直ちに必要としているものを供給する援助を行っています。日本のために手を貸したいと思う人には、インターネットサイトのusaid.govに行くよう勧めます。あなたがどのように役立てるかがわかるでしょう」。

「昨夜、菅総理大臣に対し、そしてきょう、ワシントンの日本大使館で改めて断言しましたが、この大きな試練と深い悲しみの時においても、日本の人々は決してひとりではありません。太平洋を越えてアメリカから伸びた支援の手は、日本が立ち直るにあたり、さし伸べ続けられます。私たちには、半世紀以上前に作られ、共通の利益と民主主義的価値によって強化された同盟があります。アメリカ国民は日本の人々と、家族の絆や文化・商業的な結びつきを分かち合っています。アメリカ軍は、日本の国土を守るために働き、アメリカ市民は、日本全国の都市や町で、様々な機会や友情を見出してきました」。

「しかし何よりも、私は確信しています。日本国民の持つその強さと精神によって、日本は必ず立ち上がり、復興すると。ここ数日の間、自宅を開放して被災者を受け入れている人々がいます。彼らはわずかな食料や水を分かち合っています。避難所を作り、医療は無料で提供され、最も傷つきやすい人々を優先的に助けています。ある人が言いました。

『それが日本なんです。困難に直面した時、私たちは互いに助け合うのです』と」。

「このような困難な時であっても、未来への希望は残されています。津波によって壊滅したある町では、生後わずか四か月の赤ちゃんを救助隊が保護しました。両親の腕から流され、数日間、瓦礫の中に取り残されていた赤ちゃんがどうやって生き残れたのか、誰にも確かなことはわかりません。人生には、奇跡的な出来事が起こるものなのです」。

「地球規模で経済の変革が進む中、このような災害が起きたことで、私たちは、人類が共有している『人間性』というものについて改めて考えさせられました。福島で命を懸けて働く作業員の姿や、七十もの国々から日本に寄せられる大量の支援、そして、瓦礫の中から奇跡的に助け出された子供の泣き声からも、私たちはこの『人間性』を知ることができます」。

「これからも、私たちは、アメリカ市民の安全とエネルギー安全保障を確実なものにするために、やれることは何でもやり続けます。そして、日本の人々を支え続けるのです。彼らがこの危機を乗り越え、この困難から立ち直り、その偉大な国家を再建する日まで」。

# 終章
THE DAYS AFTER

## 証言者たちは、今、何を思うのか

東日本大震災と東京電力福島第一原子力発電所の事故の発生から、十二年半が経った。

警察庁によれば、地震や津波などで亡くなった人は一万五千九百人、行方不明者は二千五百二十三人となった。また、長期間の避難生活を余儀なくされ、体調が悪化して死亡する、いわゆる「震災関連死」に認定された人は、復興庁と各都県によれば、三千七百九十二人で、この震災関連死を含めた東日本大震災による死者と行方不明者は、あわせて二万二千二百十五人にのぼる。

いまだにふるさとに帰れない人も数多い。

震災と原発事故の影響で避難生活を余儀なくされている人は、三万人余り。被害の大きかった岩手・宮城・福島の三県では、道路や住宅といったハード面の復興が進む一方で、沿岸部などでは、人口が減少している。

一方、史上最悪レベルの事故を起こした福島第一原発は、十二年半を経て、どういう状況になっているのか。

岸田文雄総理大臣

福島第一原発では、巨大地震と津波の影響で電源が喪失した結果、三基の原子炉で核燃料が溶け落ちる「メルトダウン」が発生、大量の放射性物質が放出された。一号機から三号機の原子炉や格納容器の中には、溶け落ちた核燃料が構造物と混ざり合った「核燃料デブリ」が残っていて、冷却に使う水や地下水などが汚染水となり、今も増え続けている。この汚染水を処理した後に残る、トリチウムなどの放射性物質を含む処理水は、原発の敷地内にある千基余りのタンクに保管されている。この処理水について、二〇二三年八月二四日、東京電力は政府の方針に基づき、基準を下回る濃度に薄めた上で、海への放出を開始した。処理水が増える原因である汚染水の発生を止められていないことや、一度に大量の処理水を放出できないことから、放出期間は三十年程度に及ぶ見通しだ。

また、福島第一原発は廃炉となるが、廃炉に向けた最大の難関とされるのが「核燃料デブリ」の取り出しで、東京電力では、二〇二三年中に取り出しを開始する予定だ。

こうした中で、自民党の岸田文雄総理大臣の内閣は、二〇二三年二月一〇日、「GX＝グリーントランスフォーメーションの実現に向けた基本方針」を閣議決定した。この中では、エネルギーの安定供給と脱炭素社会の実現を両立させるため、安全を最優先に、原発を最大限活用する方針を打ち出している。そして、廃炉となった原発の敷地内で、次世代型原子炉の開発や建設を進めるほか、最長六十年と定められている原発の運転期間について、審査などで停止した期間を除外して、実質的に上限を超えて運転できるようにした。

福島第一原発の事故の後、政府は、原発の運転期間を最長六十年までとする法改正を行い、原発の新設や増設については「想定していない」という見解を示してきた。

ところが、岸田政権は、世界的に脱炭素に向けた動きが広がり、ロシアによるウクライナへの軍事侵攻でエネルギー危機が深刻化する中で、原発の再稼働を進めるとともに、原発の運転期間の実質的な延長や、新設・増設をめぐる方針の変更に踏み込んだのだ。

岸田内閣は、二月二八日、こうした政策を具体化するための法案を閣議決定。この法案は通常国会に提出され、五月三一日、自民・公明両党と日本維新の会、国民民主党などの賛成多数で可決・成立した。福島第一原発の事故当時、対応にあたった民主党・菅政権の流れをくむ立憲民主党は、原発老朽化による安全上のリスクが重大事故につながらないという根拠がない限り、認められないとして、反対した。

日本の原子力政策は、原発事故以降で、最も大きく転換することになった。

こうした状況の中で、原発事故当時、事故収拾や外交交渉の最前線にいた当事者たち、日米両政府それぞれの中枢で対応にあたった証言者たちは、今、何を思うのか。そして、あの事故から、どのような教訓を引き出すのか。

当時の駐米大使だった藤崎一郎は、今後の日本の課題として、三つの点を挙げた。

「まず第一点は、これは日米間の危機ではなかった。日本の危機だったということです。あの時、日本が危機対応を十分にできたかというと、やはり反省すべき点が多かった。そこをきちんと反省して、改めるべきところは改める。今後の日本の対応について考えるという、その意識が大事だと思います。第二点は、もしその観点に立つとすると、日本は今、オリンピックの後もいろいろなイベントを計画しています。ただ、日本が本当に考えなくてはいけないのは、この地震国、大地震が三十年以内にある可能性が何%というような国ですから、次の災害に備えた準備、これを最大限にすることが大事なんじゃないかと思います。それをしないで、もう次にどんどん走っていこうとするというのでいいんだろうかと、正直に言って、私は疑問を持っています。第三点は、感謝です。日本が戦後最大の、未曽有の危機から立ち直れたのは、やはり各国が協力してくれたからです。アメリカのトモダチ作戦もそうですが、こうした外国の協力が大きかった。だから、この感謝の気持ちというのを、教科書に載せたりして、ずっと後世に伝えていく。これが大事なんじゃないかと思います。何年か経ったら、もう風化して、どんどん感謝の気持ちが薄れていくというのでは、困ります」。

「原発の再稼働は、安全対策が完全に行われているということであれば、私はいいと思います。ただ、核廃棄物の処理をどうしていくのかは、大変、重要な問題で、日本の今後の大きなテーマとして考えつつ、進めていかなくてはならない」。

当時の官房副長官だった福山哲郎は、原発のリスクを過小評価してはならないと言う。

「原発は、一度、暴れ出したら、人間の力では、全く手に負えなくなる。このことを、僕はあの現場にいて強烈に感じました。だから、原発事故に対して過小評価をしてはいけない。それから、日本の対処能力について過大評価をしてはいけない。その過大評価というのが安全神話であり、これまでの原発行政の失敗だと思います。原発事故については、政治に携わる者と、原発の担当の省庁である経産省が、いかに謙虚に受け止めるかということが、将来世代のために、本当に大切なことだと思います」。

「安全神話にどっぷり浸かっていた日本の原子力行政は、やはり危機の時には機能しづらかったわけです。だって、リスクがない前提で物事が動いているわけですから、リスクが顕在化したら、『おい、どうするんだ』っていう世界ですよね。それを目の当たりにしたのが、福島の事故だと思います」。

「福島の原発事故は全く終わっていません。福島第一原発の原子炉には、今もまだ、水を入れ続けているわけですし、汚染水は溜まり続けているわけですし、廃炉は何年かかるかわからないわけです。だから、今も制御できていると言っていいのかどうかすら、わからない。ましてや、避難した方々から、家屋や田畑やご商売、生活の糧を全部奪って、未だにご苦労をたくさん、おかけをしているわけです。その状況を忘れてはいけない」。

「それから、なぜこんな事故に至ったかということを、政府としては、政治としては、考えなければいけないと思います。原発事故があって以降、原発のコストは、世界中を見ても、再生可能エネルギーよりも高くなっている事態が生じているわけです。そう考えた時に、本当のところ、原発というエネルギーが人類にとってどうなのか。稼働するにしてもわずか四十年です。四十年稼働するだけの原発のために、何千年も何万年も、使用済み核燃料を次の世代に背負わせる。そんな権利が、今の現代人に本当にあるのか。四十年間の豊かさを享受するためだけに、こんなリスクを、未来の世代にも今の世代にももたらす権利が我々自身に本当にあるのかということを、やはりあの事故で、私は考えざるを得なかったというのが実感です。あの事故に向き合った者が、『原発、大丈夫じゃない？』とか『原発も将来、必要なんじゃない』というようなことを言っては、私はいけないと思っています。目の前にそういう危機があって、目の前に避難されている方がいて、どうなるかわからない状況の中で、目の前で東電のスタッフの皆さんが必死になって作業していた。あのようなことは、やっぱりリスクが大きすぎる。それを言い続けるのは、あの場にいた政治家としての自分の役割ではないかと、今、考えています」。

一方、当時、アメリカ国務省の対日支援タスクフォースで働いたケビン・メアは、電源の喪失によって、原子炉の冷却ができなくなるリスクは、すでにアメリカが日本に対して警告していたものであり、決して想定外のものではなかったと明らかにした。このリスクを認識しながら、対策を怠ったことが、日本の失敗だったと言う。

「事故当時、東電と日本政府の人々が『電源が失われて原子炉を冷却できなくなることは、想定外だった』と言いました。私はそれを聞いた時、『ナンセンス、たわごとだ』と思いました。私たちはその状況を指摘していたからです。津波で電力が失われることは警告していませんが、テロリストが電線を切断して電力が失われる可能性があることは、警告していました」。

「津波で停電になった時、電力業界の関係者は、まさか原発が停電するとは誰も想像していなかったかのように振舞っていましたが、ナンセンスです。私たちはそれをイメージして、それについて政府間で議論を行っていました。二〇〇三年頃、私たちはすでにその議論をしていたのです」。

「私が環境科学技術担当公使だった時、原子力安全・保安院や東京電力、その他の原子力事業者を含む日本政府との会議に参加しました。アメリカ政府は、9・11ニューヨーク同時多発テロ事件の後に抱いていた懸念について説明しました。二〇〇一年にテロリスト・グループが、原子力発電所を標的にしている可能性があるという情報がありました。電力供給を断ち切るという単純なものです。このシナリオに備えて、原子炉に水を保つためのポンプを動かす電力が必要だと、東電と日本政府に指摘しました。水を運ぶトラックとポンプ車、発電車を、原子炉から数マイル離れた場所に駐車しておけばいいのです。そうすれば、テロリストが送電線を切断して、冷却ができなくなった場合でも、トラックを運び込んで水を汲み上げることができます。その準備をするのは簡単なことでした。しかし、彼らは何の準備もしなかったのです」。

「電力を失うという明白なリスクについて、二〇〇二年と二〇〇三年に東京で、数時間の会議を行っていました。しかし、電力会社は、これへの準備を何もしなかったのです。確かに、想定していたリスクはテロ組織が電力供給を遮断することであり、津波によって電力が遮断されるとは考えていなかったのですが、結局、同じ影響を及ぼしたのです」。

グレゴリー・ヤツコ元米国原子力安全委員会委員長

そして、当時、アメリカ原子力規制委員会の委員長だったグレゴリー・ヤツコ。ヤツコが考える、福島第一原発事故の最大の教訓は、honesty,「正直」であることだという。

「最大の教訓は、原子炉を持つ他の国と同様、日本の国民も、こうした事故が起こり得ることを自覚しなければならないということだと思います。安全性を向上させ、より厳しい規制を定め、非常に困難な状況を想定した厳密なテストを行なっても、事故が発生しないという保証はありません。これから原子力発電のプログラムを積極的に推進し、過去にあったプログラムを回復させようとする場合、それを正直に認めることが大切です」。

「政府のメッセージが『私たちは事故を防ぐ方

法を見つけ出しました。これからは、安全でうまくいきます』というものになれば、それは失敗の原因となるでしょう。私たちは事故が起き得ることを正直に認めなければなりません。政府は、それが必要なリスク、あるいは、許容可能なリスクだと信じるかもしれませんが、事故が起きる、あるいは、起こり得るということは否定できません。これが、おそらく最も重要な教訓です」。

「原子力発電所をどこに配置するか、水の供給手段を適切に確保するには、どうすればよいかといった、様々な細かい点を考慮しなければなりません。しかしこうした考慮は、常に以前に起きた事故への対応であり、実際の事故における対応はもっと厳しいものになります。次に起こる事故は、おそらく私たちが考えもしなかった、過去に起きたことのないものになるでしょう。そして、まだ起きていないので、準備もできていないでしょう」。

「だからこそ、最も重要な教訓は、事故が起こり得ることを自覚することだと思います。核プログラムに着手するのであれば、正直にそれを認めなければなりません。この正直さは、規模の大小に関わらず、これから起こり得る事故への対処に大いに役立つと思います」。

日米両政府の中枢にいた証言者たち、かく語りき。

私たちは、原発のリスクにどう向き合うべきなのか。未曽有の大事故は、今も重い問いを投げかけている。

# あとがき

二〇二三年八月二四日午後一時、東京電力は、日本政府の方針に基づき、福島第一原発にたまる放射性物質を含む処理水について、基準を下回る濃度に薄めた上で、海への放出を始めた。事故の発生から十二年余りを経て、懸案となってきた処理水の処分が動き出したが、放出が完了するまでには三十年程度という長期間が見込まれており、安全性の確保と風評被害への対策が課題となる。

とりわけ、地元・福島の漁業者や水産業者は、風評被害による水産物の価格下落を予想して懸念を強めていた。政府がどれだけ「科学的に安全だ」と説明しようと、いざ放出が始まれば、風評被害や外国からの輸入制限が起きることは避けられないとみていたのだ。

そして、その懸念は残念ながら的中した。しかも、予想していた以上の形で。

処理水の放出を受けて、中国が、日本産水産物の輸入を全面的に停止したのだ。

確かに、中国政府は日本の処理水放出の計画に反発し、対抗措置を示唆してはいたが、「そこまでやるか……」というのが、筆者の偽らざる感想である。

しかも、中国外務省は、処理水をあえて「核汚染水」と呼び、日本を非難し続けた。「日本は、隣国の正当な懸念を根拠なく批判し、最終的に『核汚染水』の海洋放出を強行した」という具合である。

日本政府は処理水の放出にあたって、科学的根拠に基づいた安全な計画を策定し、その安全性を国際社会に丁寧に説明していくとの方針を掲げてきた。

実際、計画の安全性を検証してきたIAEA・国際原子力機関は、放出に先立つ七月、日本の取り組みは国際的な安全基準に合致していると結論づける報告書をまとめていた。「計画している通りの管理された段階的放出であれば、人や環境への放射線による影響は無視できる程度のものだ」という評価だった。

しかし、中国はこうした科学的な評価をあえて無視し、強硬な反対を続けている。

なぜ、中国はここまで強く反発するのか。

それは、中国にとって、この問題は「科学」ではなく「政治」だからだ。

中国はこの問題を、日本をけん制する「外交カード」にしたいのである。

日本は近年、経済的・軍事的に台頭する中国を念頭に、台湾情勢や経済安全保障など幅広い分野で、アメリカなど各国との連携を強化してきた。

中国としては、こうした動きに対抗する狙いから、処理水をめぐる問題を日本の弱みとみてけん制し、各国との連携にくさびを打つ狙いがあるのだろう。

ただ、日本も、そしてアメリカも、こうした中国の外交攻勢に手をこまねいているわけではない。内外に放出の安全性をアピールする、様々な努力を続けている。

そうした中で、特に筆者が注目したニュースを紹介したい。

処理水の放出が始まってから一週間後の八月三一日、アメリカのラーム・エマニュエル駐日大使が、福島県相馬市の松川浦漁港を訪問し、地元水産物の安全性をＰＲしたのだ。

エマニュエル大使は、相馬双葉漁業協同組合を訪れ、地元の漁業者と懇談。津波による被害からの漁港の復旧状況や、原発事故後の地元漁業の歩みなどについて説明を受けた。

そして、漁港近くの飲食店で、処理水の放出後に水揚げされたヒラメの刺身やカレイの煮つけを食べたほか、直売所では、土産として魚やノリを購入。国内外のメディアに対し、「福島の漁業者の強い意志を感じました。ここの魚が安全だということを日本と世界中の人々に知ってほしいです。アメリカは、同盟国・友好国・経済的パートナーとして、日本を支援するためにやるべきことをやっていきます」と、言ってみせた。

農産物や水産物への風評被害を防ぐため、日本の政治家がこうした「試食パフォーマンス」をしてみせるのは、珍しいことではない。しかし、いくら同盟国とはいっても、外国の大使がここまでしてみせるのは、珍しいのではないか。

しかも、エマニュエル大使がこの訪問にあたって発出した声明がふるっている。

「アメリカは日本を強く支持しています。特に、日本とは対照的に、中国が日本産水産物の輸入を全面的に停止するという露骨な政治的決断を下し、オープンな対応や科学的協力をこれまで怠ってきたことを考えると当然です。真実と信頼が最も重要とされる世界において、科学と透明性に対する日本の揺るぎない責任感は最高の手本となります。日本と共にあることを誇りに思います」。

同盟国である日本を徹底的に擁護し、返す刀で中国の姿勢を切り捨てている。

もちろん、ここまでやるのは、エマニュエル大使のパーソナリティにも依っている。

エマニュエル大使は元々、外交官ではなく政治家だ。

イリノイ州シカゴ出身のユダヤ系アメリカ人で、イスラエルとアメリカの二重国籍を持っている。アメリカ民主党で政治活動に従事し、ビル・クリントン大統領の政策顧問や下院議員を歴任。二〇〇九年に発足したバラク・オバマ政権では、ついに大統領首席補佐官に就任した。その後、シカゴ市長に転身し、二期八年務めた後、退任。二〇二一年、ジョー・バイデン大統領から駐日大使に指名された。アメリカ民主党を代表する政治家の一人だが、毒舌で攻撃的な面があり、「政界のランボー」とあだ名されている。

確かに、エマニュエル大使のSNSを見ると、中国を挑発するかのような言動が多い。

ただ、それにしても、筆者が思うのは、福島第一原発事故をめぐる歴史的な因縁というか、めぐりあわせの妙である。二〇一一年の事故当時、日本の同盟国・アメリカの指導者として、この重大事故に向き合い、日本を全力で支援したオバマ大統領。その首席補佐官だったエマニュエル氏が、事故から十二年余りを経た今、駐日大使として、福島第一原発の処理水をめぐる問題で、日本を支援すべく奔走している。

加えて、筆者が思いを深くするのは、福島第一原発の事故が、今なお、米中対立を軸とした現在の国際政治の枠組みにまで影響を与え続けているという事実である。

あの事故は、日本の人々の心に深い傷跡を残し、日本という国家のありように影響を与えただけでなく、日本と世界の国々の関係にまで影響を及ぼし続けているのだ。

まさに人類史に刻まれる、未曽有の重大事故だった。

だからこそ、あの事故を多角的に検証し、教訓を引き出そうとする試みは、今なお意味を持ち続けているのだ。

そして、本書は、こうした試みの本当にささやかなひとつである。

本書の刊行にあたっては、多くの方にお世話になりました。

冒頭にも書きましたが、本書は、NHKの国際放送「NHK WORLD JAPAN」で、二〇二三年六月三日に放送されたドキュメンタリー番組「ALLIANCE UNDER PRESSURE：Behind the Fukushima Disaster」と、その日本語版で、七月一六日にNHKBS1で放送された「3・11原発事故　そのとき日米は」をベースにしています。。

一連の番組の制作にあたっては、NHK国際放送局専任局長・ワールドニュース部長の田端祐一さんに、高い立場から指導やアドバイスをいただきました。

また、放送当時、ワールドニュース部の制作統括だった木内啓さんには、直接の番組の責任者を務めていただき、適切な指導を通して番組を完成に導いていただきました。

同じく放送当時、ワシントン支局の記者だった、辻浩平さんには、アメリカ側のキーマンであるケビン・メア氏へのインタビューを担当していただきました。

ワシントン支局のリサーチャーの木村えりさんには、やはりアメリカ側のキーマンであるジョン・ルース氏、グレゴリー・ヤツコ氏のインタビューを担当していただきました。

さらに、ワールドニュース部で映像制作を担っている徳永摂子さんには本書に掲載する写真の抽出で大変お世話になりました。

皆さん、本当にありがとうございました。

そして、放送当時、ワールドニュース部のディレクターだった内田理沙さん。内田さんには、番組の提案から始まって、関係者へのインタビュー取材、資料集め、番組構成、局内外の様々な調整に奔走・尽力していただきました。私からの最大限の感謝の気持ちを記したいと思います。

名前は出しきれませんが、この他、多くの局内外の関係者にも協力をいただきました。

また、末尾になりましたが、今回の出版にあたっては、前著「ヒトラーに傾倒した男～A級戦犯・大島浩の告白～」「日朝極秘交渉～田中均とミスターX～」に続いて、論創社の社長の森下紀夫さんに、大変、お世話になりました。ありがとうございました。

二〇二三年十一月

NHK記者　増田　剛

**増田剛**（ますだ・つよし）

NHK 国際放送局記者（NHK ワールド編集長）。1970 年東京都生まれ。一橋大学法学部卒。1992 年、NHK に入り、政治部記者、ワシントン特派員、解説委員を歴任。2019 年から現職。専門は外交・安全保障。解説委員として「おはよう日本」「時論公論」「くらし☆解説」など出演多数。

現在は、NHK ワールド「NEWSLINE」などに出演。

著書に『ヒトラーに傾倒した男——A 級戦犯・大島浩の告白』（論創社、2022 年）。『日朝極秘交渉——田中均と「ミスター X」』（論創社、2023 年）

**アメリカから見た 3・11 〜日米両政府中枢の証言から〜**

2024 年 2 月 20 日　初版第 1 刷発行
2024 年 4 月 20 日　初版第 2 刷発行

著　者　増田　剛
発行者　森下紀夫
発行所　論 創 社
〒 101-0051　東京都千代田区神田神保町 2-23　北井ビル
tel. 03（3264）5254　fax. 03（3264）5232　https://ronso.co.jp
振替口座　00160-1-155266
装幀／宗利淳一
印刷・製本／中央精版印刷　組版／フレックスアート
ISBN978-4-8460-2361-4　